星座物语

走进诗意的星空

李亮

编著

人民邮电出版社

北京

图书在版编目（CIP）数据

星座物语 ：走进诗意的星空 / 李亮编著. -- 北京 ：
人民邮电出版社，2022.5
　　（启明书系）
　　ISBN 978-7-115-56679-9

Ⅰ．①星… Ⅱ．①李… Ⅲ．①星座－普及读物 Ⅳ.
①P151-49

中国版本图书馆CIP数据核字(2021)第117771号

◆ 编　　著　李　亮
　　责任编辑　刘　朋
　　责任印制　陈　犇
◆ 人民邮电出版社出版发行　　北京市丰台区成寿寺路 11 号
　　邮编　100164　　电子邮件　315@ptpress.com.cn
　　网址　https://www.ptpress.com.cn
　　北京捷迅佳彩印刷有限公司印刷
◆ 开本：720×960　1/16
　　印张：17.25　　　　　　　　2022 年 5 月第 1 版
　　字数：263 千字　　　　　　 2025 年 2 月北京第 5 次印刷

定价：79.90 元

读者服务热线：(010)81055410　印装质量热线：(010)81055316
反盗版热线：(010)81055315

内容提要

　　数千年来，星空似乎是永恒的，然而随着时光的变幻，关于星空的神话传说几经演变，最终发展成现代的八十八星座体系。如今，人们已经不再需要借助星星进行定位和授时，古老的星座正在逐渐失去它们原有的实用性功能，但星座对于我们的意义远不止此。星空中有着诗意的神话、深邃的历史和无限的遐想，星座能够带给我们了解不同时代和文明的星空的乐趣。它在我们与古人之间搭建起了一座桥梁，引领我们回首人类文明的过往。

　　本书分为上、下两篇。上篇采用星座家族的分组方式，将全天星座分为大熊家族、黄道家族、英仙家族、武仙家族、猎户家族、幻水家族、拜耳家族和拉卡伊家族，介绍了现在国际上公认的 88 个星座的源流。下篇主要介绍那些曾经在历史上短暂存在过的星座，我们可以从中看到天文学家们不为人知的一面。

　　让我们走进历史的星空，开启一段奇妙的旅程吧。

序 言　数星星的学问

一说到天文学，我们就会想到数星星认星星。这里面其实大有学问，它是我们认识宇宙的第一步。

数星星的方法和目的

我们经常说"天上的星星数不清"，这句话其实并不对。人们之所以认为"数不清"是因为大多数人不知道应该怎么数，不懂得方法，自然就难以数清楚了。其实，古代的天文学家早在两三千年以前就已经把天上的星星数清楚了。他们有两种基本方法。其中，一种方法是为星星划分亮度等级，称之为"星等"。最亮的恒星称为一等星，其次是二等星，以此类推。眼睛所能看到的最暗的恒星为六等星。比如，天狼星、织女星、参宿四是一等星，北极星是二等星。另一种方法就是划分星座，用某些亮星组成图案，划分出一定的区域。将这两种方法结合起来，观星者就很容易数清楚天上的星星有多少。希腊天文学集大成者托勒密在他的星表中记载了 1022 颗恒星，三国时期吴国的史官汇集甘德、石申、巫咸三家的成果编制了包含 1464 颗恒星的星表。根据现代的统计结果，全天六等以上的恒星只有不到 7000 颗。今天，我们可以在古代星图、天球仪等上看到古人对星空的描绘。

正如本书作者李亮在引言中说到的那样，这门学问如今已经没落了。或者说，这门学问在我们这里其实从来都没有真正进入主流。其中也是有原因的，跟古人"数星星"的目的有关系。古人用星座记载恒星的方位，这被称为方位天文学。古代天文学有三大任务，都是以认识星座作为基础的。

第一个任务是讨论天地的形状、日月星辰的距离和运动规律等问题，即宇宙论，其中的代表是中国古代的盖天说、浑天说、宣夜说，以及古希腊的地心说、哥白尼的日心说等。这些问题如今已经得到了相当完美的解决，人们在介绍这些问题的时候很少再涉及星座本身了。

第二个任务是制定时间制度尤其是历法，这里涉及的主要是太阳和月亮的运动规律，即年月日的安排（有时也要考虑其他行星的运动规律）。天文学家在指明日月行星的位置时，是用它们相对于恒星的位置来进行说明的。这个问题如今已经归于天体力学的研究范畴，由专门的历算部门和授时中心掌握。

第三个任务是讨论天上的日月星辰与人间个人或国家命运之间的关系，即占星术。对古人来说，这是非常重要的问题。古代的许多天文学家其实也兼有占星术士的身份。这一部分如今已经被视为伪科学，尽管这并不妨碍诸如"星座运程"之类的说法仍然在社会文化中大行其道。

在天文学进入望远镜时代之后，其重心逐渐转向了对全天进行系统而精密的观测。星座文化在18~19世纪迎来了最后的辉煌时期，最终形成了我们今天所知道的八十八星座。比如，作者在《天上疆域：星图中的故事》一书中介绍了八十八星座的由来。符合现代科学精确要求的规范星座离普通人越来越远了，尤其是在20世纪天体物理学逐渐成为了天文学研究的主流，"星座"这门古老的学问越来越被边缘化了。即便如此，星座和相关的学问至今仍然有它们存在的价值。

为什么还要认识星座

从理解科学的角度来说，要认识天文和宇宙，认识星座是最初的一环。无论是天文学科普还是当今的前沿研究仍然离不开星座这个古老的背景设定。前面我们提到的古代天文学的三大任务是我们在讨论科学发展历程时绕不开的内容，星座又是古代天文学家使用的基本语言，因此理解了星座以后才能够更好地了解古代学者的思想。

20世纪以来，科学史研究的进展不断向我们揭示，天文学历经千年变革，始终引领着科学的发展，为人类提供了智慧和勇气。从科学教育的角度来说，天文学的地位还远远不够。在我们的中小学课程里，数理化天地生，唯独天文还没有成为独立的课程，因此许多天文学家呼吁，应该尽快改变这一状况。天文课不可避免要涉及上下3000年科学认知的变迁，这种纵向对比能够更直接地反映创新思想的重要性。星空是最便宜的自然观察实验室，把书本上的理论知识与实地观测结合起来，有助于学生们深入理解科学精神。当然，普遍开设天文课也存在一些现实的困难，比如师资力量缺乏。李亮的这本《星座物语：

走进诗意的星空》可以成为大人和孩子们的良师益友。

现今的中小学教学大纲在推广"跨学科学习"，对许多老师来说这不是一件容易的事情。恰好天文学既是一门基础科学，也是一门综合性学科，它跟许多学科都有关联，比如物理、化学、数学、地理、航天、航海甚至哲学等。《星座物语：走进诗意的星空》这本书以广博的内容向我们揭示了星座文化与历史、神话、艺术、博物学之间的关系。在观测星空时，老师们也可以带领孩子们向各自熟悉的学科拓展，让孩子们更加热爱学习本身。

认识星座的方法

就本书来说，作者采用了"星座家族"的划分方式来讲述星座知识。就像我们开头说到的那样，为恒星划分星等、划定星座实际上是分类认识事物的方法。认识星座也有很多种分类法。一种是按照季节划分，也就是我们经常听说的春季星空、夏季星空等。这里指的是入夜之后明显可见的那些星座，比如著名的春季大三角（狮子座轩辕十四、牧夫座大角和室女座角宿一）、冬季大钻石（猎户座、金牛座、双子座、御夫座、小犬座、大犬座里的几颗一等星）。通过这些亮星，可以很快找到相应的星座。有时，人们还会把这种划分细分到月份。还有一种分类法是按照天球位置，将天上的星星划分为拱极（北极）星座、北天星座、赤道（黄道）星座、南天星座和南极星座。这种方法也常跟季节划分结合起来，是空间与时间的结合，可以让读者更快地了解在什么时间、什么方位找到星座。

本书所用的星座家族（constellation families）划分方式是按照星座的故事设定和历史发展来确定的，这对于了解星座之间的关联是非常有利的。在阅读过程中，读者可以了解古希腊的神话世界、大航海时代的新奇发现、科学时代的雄心壮志。在最后的几章中，作者还讲述了那些被放弃的星座设定，让我们看到星座划分是从自由创作到总体规范统一的过程。

天文学的广博内容在本书里也有展示。除了星座神话、艺术和历史之外，作者还简略地提到了每个星座中值得注意的恒星和其他天体，以及一些重要的科学发现。这些都有利于我们理解人类文化发展的多面性。无论你对天文学的哪一方面感兴趣，本书都值得收藏。

最后再告诉大家一个秘密。虽然天文学家和天文爱好者一直在吐槽城镇的灯光污染淹没了许多比较暗的恒星和其他天体，让我们看不见壮观的满天繁星以及跨越天宇的银河，但是在恒星数量比较少的情况下，其实那些亮星和星座是比较容易辨认的。如果你缺乏长期观星的经验，那么到了天空黑暗的野外时，满天星斗就会让你看花了眼，很难区分清楚一、二、三等恒星之间的差别。因此，虽然城市星空没有那么令人震撼，但这里也不失为初学者入门的免费课堂。如果你也想追随那些"数星星"的前辈，认识天上的星星和我们这个神奇的宇宙，那么就从现在开始，从这本书开始吧。

是为推荐序。

孙正凡

2021 年 12 月 21 日

目 录

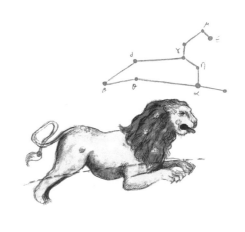

引 言

自古以来，讲故事就是一门引人入胜的艺术。对讲故事的人来说，还有什么比夜空中的繁星更能激发人们的想象力？璀璨星空的背后又隐藏着怎样的秘密呢？

每当夜幕降临，自转运动让地球如同一匹旋转木马，它载着我们遥看一天的星河。日月如梭，漫天繁星在一天中东升西落；斗转星移，不同星座在春去秋来中交相辉映。几千年来，烁空的星辰总能引发人们无尽的遐思，人们用丰富的想象力将群星连成了各式图案，并将这些图案称作星座。一些星座被看作神话故事中神灵和英雄的化身，另一些星座则象征着各种事物的符号。在整个夜空中，无数的故事在诉说着星空中的那些悲欢离合，星座也有着自己的"物语"，似乎在表达它们自己的情感。

每个古老的文明都有自己的星座体系，我们今天所采用的现代星座系统最初起源于距今 5000 年的美索不达米亚地区。在底格里斯河和幼发拉底河交汇的两河流域，当时的苏美尔人就已经知道了如何利用星星来辨别时间和季节。渐渐地，为了便于记忆，他们将不同的星星联系在一起，想象成熟悉的图案，这就是今天星座的起源。

此后，古巴比伦人和亚述人先后征服了苏美尔人，星座有了进一步的发展，也传播到了周边的文明中，包括古希腊和古埃及等地区。大约在公元前 9 世纪，古希腊诗人荷马在他创作的史诗《伊利亚特》和《奥德赛》中曾提到过大熊座、猎户座、昴星团、毕星团和天狼星等名称。诗人阿拉托斯（约公元前 315 — 前 240 年）和哈吉努斯也分别在《物象》和《诗意天文》等书中介绍了古希腊的各种星座神话。

在古希腊神话故事中，星座是一个广为流传的主题。与美索不达米亚和古埃及不同，古希腊的众神并没有那么威严和高高在上。他们与我们人类非常相似，有着丰富的情感，也有着七情六欲，颇具人间烟火气息。所以，与希腊神话相结合的星座故事也让人备感亲切，并广为流传，传承至今。

公元 150 年前后，古希腊天文学家托勒密在他的著作《天文学大成》一书中，将古希腊的星座归纳为48个星座，即托勒密四十八星座。这也是现代星座系统的雏形。现代的88个星座继承了托勒密的所有星座，并且托勒密的星座体系也主导了此前1000多年西方天空的格局。

随着罗马帝国的建立，曾经辉煌一时的古希腊天文学在欧洲逐渐消亡。由于罗马人对古希腊文化比较排斥，古希腊天文学没能得到很好的继承和发展。在盛极一时的西罗马帝国灭亡后，欧洲更是陷入了长期分裂状态，而深受古希腊影响的欧洲科学与文明随之大步倒退，迈入了黑暗的中世纪时期，天文学也未能幸免。

到了中世纪后期，阿拉伯科学家不但翻译了托勒密的《天文学大成》等著作，

拉斐尔画作中的天球和司天女神乌拉诺斯。尽管夜空中的繁星离我们远近不一，但是我们可以将天空想象成一个球形巨幕，而这些星星就像镶嵌在这个球幕上一样。这一假想的球幕被称为天球，所有恒星在天球上都有一个相对固定的位置。

乔治·瓦萨里油画中的天球仪。这幅画的主题是6位托斯卡纳诗人之间的对话，诗人们面前的桌子上堆满了不同的物品，表现了他们对天文学、占星术、几何学、地理、语法和修辞学等不同知识的掌握。其中，星空也是文艺复兴时期的人们十分关注的话题。

而且改进和发明了许多天文观测仪器。阿拉伯人在许多地方建造了大型天文台，他们通过长期的天文观测，进一步促进了天文学的发展。在鼎盛时期，阿拉伯帝国具有极高的科学水平。在恒星观测方面，他们还继承和发展了古希腊星座。

到了 16 世纪，随着大航海运动的兴起，人们开始有机会接触那些古希腊人无法看到的南天星座，并逐渐将其补充成全新的星座。荷兰航海家彼得勒斯·普朗修斯（1552 — 1622）、皮特·凯泽（1540 — 1596）和弗雷德里克·德·豪特曼（1571 — 1627）等人先后在托勒密星座的基础上，增加了一些以在大航海过程中发现的奇珍异兽等新事物命名的南天星座。17 世纪末期，波兰天文学家约翰·赫维留（1611 — 1687）为了填补北天的空隙，又增补了一些新的星座。

与此同时，南天的星座由英国天文学家埃德蒙·哈雷（1656 — 1742）和法国天文学家尼古拉·拉卡伊（1713 — 1762）补充后，也得以日益完善。拉卡伊作为一位坚定的启蒙主义者，并没有使用神话主题作为新星座的名称，而是在科学革命的时代背景下使用了一些科学仪器和艺术工具来为他新增的十几个星座命名。

当然，在 17 至 18 世纪，也有不同的人提出了各种各样的新创星座。其中，有人希望通过将这些星座献给权贵来换取个人的前程，或者借此表达自己的民族主义立场。但是随着时代的变迁，这些星座在历史长河中逐渐消失。

最终，在 1928 年，天文学家们齐聚一堂，开始考虑对天空中的星座进行规范。1930 年前后，天文学家们确定了最终的 88 个星座以及划分星座界限的方案。自此，天空就如同地球上的国家一样，有了自己的疆域，而这项关于天空划界的“国际条约”也是全世界的天文学家至今所遵循的规范。

数千年来，星空似乎亘古不变。时光荏苒，星空的神话传说却几经演变，最终发展成为现代的八十八星座体系。如今，人们已经不再需要借助星星来进行定位和授时。随着科技日新月异的发展，纵然古老的星座正在逐渐失去它原有的功能，但是星座的意义远不止这些，它在我们与远古的祖先之间搭建起了一座桥梁，引领我们回首人类文明的过往。由此，我们可以回望前人如何站在浩瀚的星空下仰望苍穹，领悟他们在面对广袤的宇宙和璀璨的群星时究竟产生了哪些单纯而又富于想象的认知。诗意的神话、深邃的历史、无限的遐想和星座的物语，能够让我们感受到不同时代、不同文明的星空。

法尔内塞宫壁画上的星图。这幅星图大约完成于 1574 年，上面共绘有 49 个星座。除了在天鹰座和人马座之间绘有一个后来被取消的星座安提诺座之外，该星图基本上沿用了托勒密的 48 个星座。

上篇 八十八星座的奥秘

地球悬浮在浩瀚的宇宙中，无论我们朝哪个方向探索，即使是上亿光年甚至几十亿光年，也看不到宇宙的边缘。仰望着星空，我们所看到的日月星辰、气体尘埃以及遥远的星系都散落在一片漆黑的宇宙中，看起来一切都毫无章法。在这庞杂无序的空间中，如何才能厘清头绪呢？千百年来，星座一直在人类的文明和科学发展的过程中起着重要的作用。

星座是天文学研究中最基本的工具，是梳理星空的重要手段。时至今日，区分天空中不同的星座，认识明亮的星体以及天空中其他重要的目标仍然是天文爱好者探索宇宙时所必须具备的基本能力。

天空被星座划分为不同的区域，事实上构成这些星座的星体并不一定彼此靠近，许多星体甚至相距非常遥远。不过，就我们所处的地球而言，这些天体在视觉上看起来非常接近，并且能够组成不同形状的图案。这些图案有些大而明显，有些小而暗弱，也许你需要一点想象力才能真正理解它们。在每一个星座的背后，其实都有一个神话传说或某些历史渊源。

如今，国际上通用的八十八星座是从史前时代不断演变而来的。从 1922 年到 1930 年，国际天文学联合会正式公布了 88 个星座，将各个星座分配给天空中不同的特定区域。88 个星座组成了完整的天球，天空中所有的天体都分属于各个星座。

法国文学家雨果曾经说过：

> 星座在黑暗之中是多么壮丽和雄伟，
> 闪耀的星座是永恒之夏绽开的花朵；
> 但面对这从容而又安详的众多星座，
> 需要宇宙间能有看到这些星的证人。

看见繁星点点，我们人类就是这浩瀚星空的见证者。面对 88 个不同的星座，你也许会感叹，这恐怕太多了，好像无从下手。那么，展开你丰富的想象力吧！让我们一起开启神奇的星空之旅，共同探索 88 个星座的奥秘。

第1章 大熊家族星座

　　大熊家族是一个包括 10 个星座的集团，这些星座囊括了大熊座、小熊座、天龙座、猎犬座、牧夫座、北冕座、后发座、鹿豹座、天猫座和小狮座。星座的主体大致跨越了从天球北极至距离天极 30° 左右（即赤纬大于 60°）的范围，因此它们大多是环绕着北天极运动的"拱极星座"。在这些星座中，又以包含北斗七星而闻名的大熊座最具代表性，因此它们被命名为大熊家族。

　　恒星具有明显的视运动轨迹。当人们站在原地不动仰望星空时，可以看到天体缓慢地移动，在天上划出一道道弧线。假如一整晚你都在留意北斗的位置，就会看到随着时间的推移，刚开始它被"抬"得越来越高。到了凌晨的时候，北斗就会到达最高处，然后逐渐下降，在清晨时分没入西边的地平线。这种视运动实际上是由地球自转引起的。尽管身处南北不同半球的观测者都能看到类似的运动，但是它们之间也会有差别。对于北半球的观测者来说，恒星看起来都是沿逆时针方向围绕北天极旋转；对于南半球的观测者来说，恒星则是沿顺时针方向绕南天极旋转。

　　天空中的星座看上去就像镶嵌在一个虚拟的天球之上，假如把地球赤道向外延伸，那就是天球赤道。天球赤道将天球分成两部分，即北半天球和南半天球。位于地球赤道北极正上方的地轴末端的点称为北天极，隶属于小熊座的北极星就位于北天极附近。北极星是整个天球的轴心和支点。在北半球的观测者的眼中，北极星几乎不移动，而且它一直处于地平线之上，因此人们在夜里就可以依靠北极星来辨认方向。

　　大熊家族星座都围绕着天极旋转，其中有些接近北天极的星座总是在地平线上。就像大熊座围绕北极星旋转一样，大熊家族星座中的很多恒星都被称为拱极星，看起来如同永远不会落下。当然，拱极星包括哪些取决于观测者所处的地理纬度。

《巴蒂星图》中北天极附近的拱极星座。在该星图的中间是北极星勾陈一，它距离北天极不到1°。对于北半球的观测者来说，位于北天极附近的星座中的恒星永远不会落下，它们被称为拱极星。观测者越靠近北方，越多的恒星就会变成拱极星。

大熊座：永恒的指针

　　大熊座是全天第三大星座，它覆盖了北天极附近的一大片星空，也是主要的北天拱极星座。毫无疑问，大熊座是人们最为熟悉的星座之一，因为它拥有非常引人注目的北斗七星。北斗七星由位于大熊臀部和尾巴部位的 7 颗星构成，由于其形状类似于犁状，因此在西方有时也被称为犁星。虽然北斗七星是在灯火璀璨的都市中人们都能够看见的明亮星群，但是大熊座的其他部分都是由暗星组成的。

　　由于大熊座终年围绕北天极旋转，古希腊诗人荷马在《奥德赛》中认为，它如同天空中的运货马车，在猎户座的对面盘旋。在中国古代，人们也曾将北斗七星想象成皇帝出行的马车。司马迁在《史记·天官书》中写道："斗为帝车，运于中央，临制四乡。"

拜耳《测天图》中的大熊座。

山东嘉祥武氏祠东汉画石《斗为帝车》。图中绘有排列成斗状的北斗七星，斗杓下有祥云，里面坐着一位天帝模样的天神，旁边绘有正在顶礼膜拜的臣仆，以及骑马的护卫、马车等。

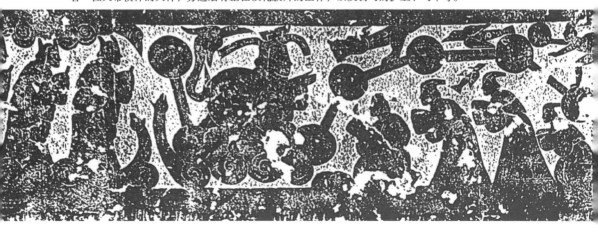

法尔内塞宫凉廊穹顶壁画中的大熊座。卡利斯托驾着金色战车从繁星中飞驰而过，战车由两头牛拉着，穿梭在云层中。

另外，根据古希腊作家哈吉努斯的说法，罗马人曾将大熊座称作耕牛。他还补充道，北斗中的两颗星在西方古代也被认为是牛，而另外 5 颗星则组成了一辆牛车。后来，德国天文学家彼得·阿皮安（1495 — 1552）延续了罗马人的这一传统，将大熊座描绘成由三匹马拉着的四轮马车。

在古希腊神话中，大熊座的原型是狩猎女神阿尔忒弥斯的贴身侍女卡利斯托，她经常陪同阿尔忒弥斯一同狩猎。卡利斯托是个外柔内刚、聪明美丽的女孩，有一次她在树林里打猎时累了，于是就睡着了。就在这时，众神之王宙斯路过这里，对她一见钟情。后来，卡利斯托成为了宙斯的情人，并为宙斯生下了一个十分惹人喜爱的儿子阿卡斯。宙斯的妻子、天后赫拉得知后十分妒忌，决心要报复。她将美丽善良的卡利斯托变成了一头大熊。宙斯为了帮助卡利斯托摆脱赫拉的纠缠，将大熊升入天空，成为了耀眼的大熊座。

另外，古希腊诗人阿拉托斯（约公元前 315 — 前 240 ）引入了关于大熊座的另一个神话。他说，大熊代表了一位名为阿德剌斯忒亚的仙女。她曾在克里特岛的一个洞穴里，与另一位仙女伊达一起将宙斯藏匿起来，并且共同哺育了婴儿时期的宙斯，以防他被残暴的父亲克洛诺斯杀死。后来，仙女阿德剌斯忒亚和伊达分别化身为了大熊座和小熊座。

阿皮安星图中的大熊座和小熊座。在这张 1524 年的星图上，德国天文学家彼得·阿皮安将大熊座描为四轮马车形象，车旁边写有拉丁语词汇 Plaustrum，意为"农用马车"。

　　其实，关于大熊座及其伴星小熊座为何是熊的形象，一直都是个谜团。它们的外形无论怎样看都不太像熊。这两只熊都有一条长尾巴，而真熊没有。对于这一点，神话学家也从未给出合理的解释。后来，16 世纪的英国天文学家托马斯·胡德（1556 — 1620）开玩笑说，也许当时宙斯是拽着熊的尾巴将其拉上天空的，所以它们的尾巴便被拉长了。

　　大熊座中的北斗七星是最著名的星群，不过它并不是星座，而只是大熊座的一个组成部分。北斗由 7 颗星组成，依次为天枢、天璇、天玑、天权、玉衡、开阳和摇光。勺柄上的倒数第二颗恒星其实是一对双星，其中较明亮的那一颗是开阳。开阳旁边有一颗非常暗淡的辅星，这颗星在古代常用来检测视力。如果你能看到它，就说明你的视力很不错。北斗的指向有着明显的变化，《鹖冠子》提到："斗柄东指，天下皆春；斗柄南指，天下皆夏；斗柄西指，天下皆秋；斗柄北指，天下皆冬。"这里描述的大致就是北斗七星在各个季节晚上 8 点左右的景象。可以说，北斗就像时钟的指针一样，不断地绕着北极旋转，人们通过它就能判断出不同的季节。此外，北斗在中国传统文化中也有着重要的地位，我们常将某一领域中的权威人物称作泰山北斗。我国最新研制的卫星导航系统被命名为北斗卫星导航系统。

小熊座：星空之转轴

据说，小熊座是由公元前6世纪古希腊米利都的哲学家泰勒斯（约公元前624 — 前546）命名的。比泰勒斯早两个世纪的荷马的著作只提到了大熊座，而没有提及小熊座。类似于大熊座的北斗七星，小熊座里也有7颗星，组成了一个迷你版的小北斗。古希腊天文学家托勒密将7颗星中的4颗放在小熊的身体上，另外3颗放在尾巴上。不过，与北斗七星相比，小北斗则暗淡了许多，而且两者勺柄的朝向是沿着相反方向弯曲的。

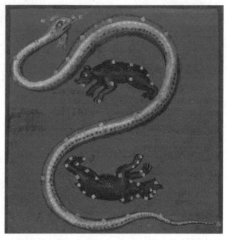

阿拉托斯《物象》中的大熊座与小熊座。图中的大熊座与小熊座遥相呼应，天龙座将两者分开。

拜耳《测天图》中的小熊座。

小熊座尾巴末端的勾陈一（小熊座 α）俗称北极星，其视星等仅为 2 等。虽然它只能勉强进入肉眼所见最亮恒星的前 50 名，但它是目前距离北天极最近的明亮恒星。北极星与北天极的位置相距不到 1°，这颗星在很早以前就用于航海导航，指示正北的方向。小熊座斗勺中还有另外两颗较亮的星，即小熊座 β 和小熊座 γ。由于紧靠着北极星，它们也被称为北极守护星，阿拉伯人则将它们看作一对小牛。

在天空中，北极星是唯一位置保持不变的恒星，其他所有恒星和星座每天都在按逆时针方向绕北天极旋转，因此它的地位非常特殊。古印度人称其为"天空的支点"，阿拉伯人称它为"枢轴"。不过，由于岁差的原因，北极星并不是一成不变的。

在公元 2 世纪的托勒密时代，北天极附近并没有明亮的恒星，如今的北极星在当时距北天极大约还有 11°。那时更暗些的小熊座 β 要更接近北天极，但还是差了好几度。在接下来的几个世纪里，岁差的影响使得北天极逐渐移向了小熊座 α。到 16 世纪初，在德国天文学家阿皮安的著作中，小熊座 α 距离北天极大约还有 3.5°，是现在距离的 5 倍多。但是到那时，它已经被看作北极星了。

根据古希腊神话，大熊座的原型卡利斯托生下了儿子阿卡斯，阿卡斯长大后成为一名武艺高强的猎手。有一天，已经变成一头大熊的卡利斯托在森林里遇见了正在打猎的儿子阿卡斯，她热切地张开双臂，准备去拥抱阿卡斯。但是，阿卡斯并不知道这只大熊就是自己的母亲，于是他开始搭弓射箭，准备将它射死。就在这个时候，为了避免悲剧发生，天神宙斯急忙将阿卡斯化作一只小熊升入天空，成为了小熊座。从此，他们母子二人在空中得以相认，永远地陪伴着彼此。

天龙座：护宝的巨龙

天龙座是北天极附近面积最大的星座，也是主要的拱极星座之一，在北天几乎一年四季都能看到。天龙座横跨广袤的天区，就像一条蛟龙，蜿蜒地盘旋在大熊座、小熊座和武仙座之间。虽然天龙座的面积不小，但它没有任何耀眼的恒星。除了构成龙头部分的 4 颗亮星以外，其他星星基本上都难以辨识。

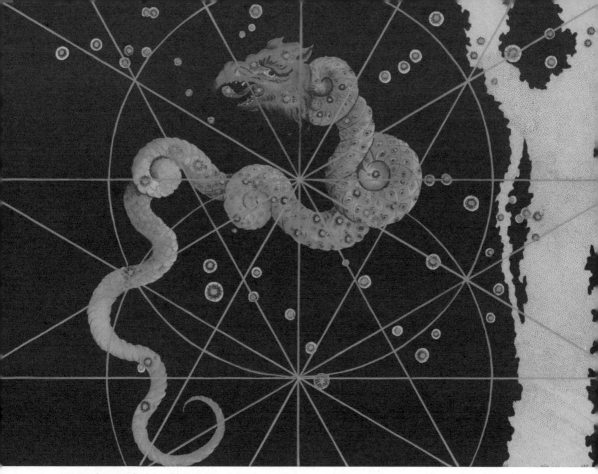

拜耳《测天图》中的天龙座。

天龙座的头部呈不规则的四边形，其中包含了该星座中最亮的恒星天棓四（天龙座 γ），它是一颗视星等为 2.2 等的红巨星。由于龙头的大小约为北斗勺端的一半，其中两颗较亮的恒星看起来有点像护极星，很容易混淆。天棓四距离地球 150 万光年，它正以每秒 28 千米的速度接近地球。150 万年后，它与地球之间的距离将缩小至 28 光年，那时它将成为天空中最亮的恒星之一。

天龙座的尾部有一颗名为右枢（天龙座 α）的四等星，它曾是三四千年前的北极星。据说古埃及齐阿普斯王金字塔的底部有一条百米长的隧道，它的方向正对着这颗恒星。不过，由于地球自转轴偏移所造成的岁差效应，如今它离北极点的位置已经很远了。

在古希腊神话中，天龙座代表一条名为德拉科的喷火巨龙，它看守着天后赫拉的金苹果树。传说赫拉与宙斯结婚时曾收到金苹果树作为礼物。德拉科巨龙有 100 个头和 200 双锐利的眼睛，可谓是不折不扣的宝物守护者。于是，赫拉将巨龙放到树上，让它时刻守护着金苹果，以防盗贼觊觎。诗人荷马曾这样描述天龙："这条龙浑身散发着恐怖的气息，它盘旋着不发出任何声响，但那似乎要迸出火花的锐利之眼扫视着每一个角落。"

后来，大力神赫拉克勒斯，也就是武仙座的原型，在一次任务中冒险去偷金苹果。由于天龙的守卫，他很难接近金苹果树。高度警惕的天龙让赫拉克勒斯十分狼狈，于是他不得不去寻找扛天巨人阿特拉斯，请他协助偷取金苹果。最终，赫拉克勒斯杀死了巨龙，盗走了金苹果。天后赫拉为巨龙之死而悲痛，于是将它放在夜空中，成为了天龙座。

不过，还有一种说法是，天龙守护着献祭给天神宙斯的金羊毛。金羊毛闪耀着金色的光芒，是一件稀世珍物。那时，埃厄忒斯王在得到金羊毛后收到一则神谕，说他的命运将和金羊毛息息相关。于是，国王将这件宝物供奉在战神阿瑞斯圣林里的一棵橡树上，并派了一条名叫科尔基的可怕巨龙日夜守护。这条巨龙从不睡觉，一直用牙齿紧紧地咬住金羊毛。

1864 年，英国天文学家哈金斯使用分光仪对天龙座进行了观测。他在天龙座的光谱中意外地发现了一种发光气体的谱线，从而证实并非所有的星云都是由恒星聚集而成的，有一些星云其实只是气体。

阿拉伯著作中的天龙座。阿拉伯人继承了古希腊人创造的西方传统星座，保留了这些星座中的人物和动物等形象，并对它们进行了调整和重新命名。

猎犬座：狩猎的双犬

猎犬座位于大熊座和牧夫座之间，是北天的一个小星座，代表着牧夫座牵着的两条猎犬。该星座由波兰天文学家赫维留创立，在此之前它曾是大熊座的一部分，由大熊座尾巴下方散落的微弱恒星组成。

猎犬座中的恒星都比较暗，其中最亮的两颗恒星猎犬座 α 和猎犬座 β 位于南部的那条猎犬中。托勒密曾将这两颗恒星列为大熊座之外未有归属的恒星，最初它们不属于任何特定的星座。17 世纪初，荷兰航海家彼得勒斯·普朗修斯引入了一个新的星座，将其命名为约旦河座。这个星座就位于该天区。后来，赫维留创

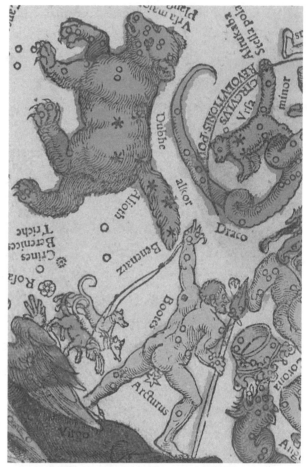

阿皮安《御用天文学》中的牧夫座与猎犬。为牧夫座添加猎犬的想法其实并非赫维留所独创，1540 年阿皮安的星图中就绘有牧夫牵着的猎犬，只不过当时它还没有成为一个独立的星座。另外，上图中的猎犬共有三条，而不是后来的两条，并且猎犬紧紧跟随着牧夫，而不是后来的星图中追击大熊座的形象。

建了猎犬座、天猫座和小狮子座替代约旦河座，并且他还将猎犬座绘制成正在追赶大熊与小熊的两条猎犬。

猎犬座中没有特别亮的恒星，最亮的恒星猎犬座 α 在中国叫作常陈一，它是一个双星系统，其主星的亮度为 2.9 等。在 17 世纪的西方，英国天文学家埃德蒙·哈雷为了纪念在 1649 年被共和党议会斩首的英国国王查理一世，将

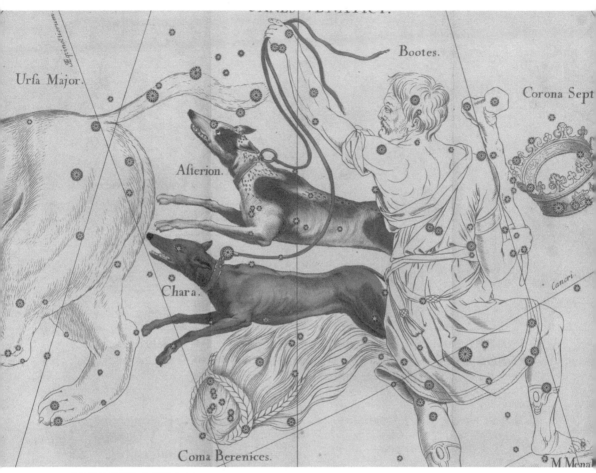

《赫维留星图》中的猎犬座。

这颗星称为"查理之心"。但也有人认为，这颗星用于纪念查理二世。据说在 1660 年 5 月 29 日这一天的晚上，当查理二世为复辟君主制返回伦敦时，这颗恒星显得特别明亮。不过，目前普遍的观点认为这颗星应该和查理一世国王有关。所以，在不少古典星图中，猎犬座 α 通常也被描绘成一颗带有王冠的心，被当成一个非正式的微型星座看待。

此外，在晴朗的夜空里，用小型望远镜可以看到猎犬座中美丽的旋涡星系 M51。这个星系还有一个伴星系 NGC5195，因此它们也有"母子星系"之称。

《波得星图》中的猎犬座。波得在他完成于 1801 年的星图中，将一颗带有冠冕的心脏保留在猎犬座南边的这条狗的脖子上，使其与查理一世联系起来。猎犬座的旁边则是猎犬的主人牧夫座，牧夫座的上方还有一个已经被抛弃的星座象限仪座。

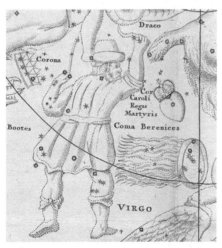

猎犬座旁边的"查理之心"。

用哈勃太空望远镜拍摄的旋涡星系 M51。1845 年，爱尔兰天文学家罗斯伯爵（1800 — 1867）使用当时世界上最大的 1.8 米反射式望远镜观测到了 M51 的旋臂。这也是第一个被确认的旋涡星系。

牧夫座：追熊的猎人

小熊座中最亮的恒星即北极星，它作为星空之轴，永远静止不动，而大熊座中的北斗七星则终年围绕着它旋转。从星座的形象来看，似乎是两头熊周而复始地绕着天轴转圈。那么，它们为何如此不知疲惫地奔跑呢？当你仰望星空时，也许就能发现其中的奥秘，因为紧随其后的就是追赶它们的猎人牧夫座。

牧夫座西邻猎犬座，南邻室女座。如果从北斗七星斗柄上两星的连线向东寻找，就能找到它。在北半球的春季，牧夫座是个非常显眼的星座，尤其是春末夏初之时，牧夫座会高悬于天顶。在早期星图中，牧夫座的形象是一个牧人，通常手里拿着一根牧羊棍。在拜耳的《测天图》中，牧人右手拿棍，左手拿着镰刀。后来，人们又为牧夫座添加了两条猎犬，于是牧人的一只手便开始抓着猎狗的皮带。

拜耳《测天图》中的牧夫座。

阿拉托斯《物象》中的牧夫座，图中的牧人手拿牧羊棍。

法尔内塞宫壁画中的牧夫座，图中的牧人手持长矛。

　　根据古希腊神话，天后赫拉一直嫉妒卡利斯托和阿卡斯母子。在他们分别成为大熊座和小熊座之后，赫拉还是不依不饶，并请求自己的哥哥继续加害卡利斯托母子。于是，她的哥哥就派来一名牧人（即牧夫座）紧紧地跟在那两头熊的后面，永远不让它们沉入地平线以下休息。

　　也有说法认为，牧夫座就是阿卡斯变成小熊之前的猎人形象。由于没能认出已经变成了熊的母亲卡利斯托，他一直紧追着大熊。后来，他被宙斯变成了小熊座，终于与母亲相聚。还有一种传说认为牧夫座是巨人阿特拉斯的化身，由于阿特拉斯曾在战争中让宙斯吃尽了苦头，于是宙斯为了惩罚他，让他永远扛着天。

　　牧夫座的形状非常像风筝，所以很容易辨识，其中最亮的恒星是位于牧夫座最下端的大角星（牧夫座 α）。大角星是全天排名第四的亮星，也是天赤道以北最亮的恒星。在古希腊，大角星也称为阿特拉斯，因为古希腊神话认为天空是由巨人阿特拉斯支撑着的，但是有时它也称作"熊的守护者"。

　　在天文学上，大角星也是距离地球最近的红巨星，距离我们只有大约 37 光年。尽管大角星的质量比太阳大不了多少，但它释放的能量是太阳的 100 倍以上。

此外，由于牧夫座的一部分天区曾经属于一个叫象限仪座的被遗弃的星座，每年的1月，从这片天区中辐射出来的流星雨依然保留着"象限仪流星雨"这个名称。

北冕座：北天的王冠

北冕座位于牧夫座与武仙座之间，它是由7颗星组成的一个半圆形星座。北冕座中的星星呈环状分布，就像一顶镶有宝石的、闪烁着白光的皇冠。据说这顶王冠由火神赫菲斯托斯所做，上面还镶嵌着来自印度的珠宝。

虽然北冕座的面积不大，但是它与牧夫座很近，是一个颇为独特的星座。尽管其中的星星相对暗淡，但最亮的星贯索四（北冕座α）是一颗二等星，就如同王冠上的明珠，在北方的晚春和夏季的夜晚很容易辨认。

油画中的阿里阿德涅和狄俄尼索斯。

在古希腊神话中，北冕座的王冠被认为是克里特岛公主阿里阿德涅与酒神狄俄尼索斯在婚礼上佩戴的王冠。阿里阿德涅曾是克里特岛国王米诺斯的女儿，因帮助忒修斯杀死牛头怪而闻名。她实际上也是牛头怪的同母异父妹妹，她的母亲帕西菲与国王米诺斯的一头公牛交配后生下了牛头怪。为了掩盖家族的耻辱，米诺斯将牛头怪囚禁在一座迷宫里。

据说忒修斯是一位雅典国王的儿子，他的体格健壮，相貌英俊，是一名举世无双的摔跤手。忒修斯来到克里特岛后，阿里阿德涅便对他一见钟情。当忒修斯提出要杀死牛头怪时，她建议忒修斯将一团绳线的一端系在迷宫的门上，以防在寻找牛头怪的过程中迷路。两人约定，在忒修斯成功后，便一同返回雅典生活。

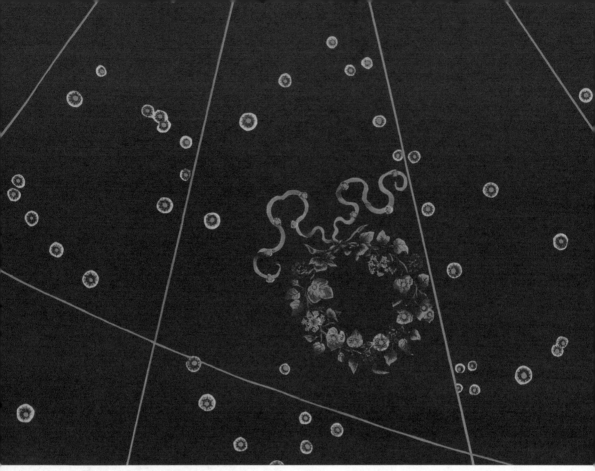

拜耳《测天图》中的北冕座。

然而，忒修斯杀死牛头怪之后抛弃了她。阿里阿德涅只能无助地坐在那里，诅咒忒修斯忘恩负义。这时酒神狄俄尼索斯刚好路过，看到这个可怜的姑娘便心软了，一直陪伴在她的身边照顾她。后来，两人终于成了夫妻。在婚礼上，狄俄尼索斯准备了一顶王冠送给阿里阿德涅。王冠升到天上成为北冕座，象征两人永恒的爱情。

后发座：王后的金发

后发座是位于牧夫座与狮子座之间的一个呈扇形的暗淡星群。古希腊人很早就知道了这些恒星，但是他们并没有将它们归为一个单独的星座，而只是作为狮子座的一部分。托勒密在他的著作中介绍狮子座时，就曾提到它的旁边有一个毛发状的星群，这就是后来的后发座。

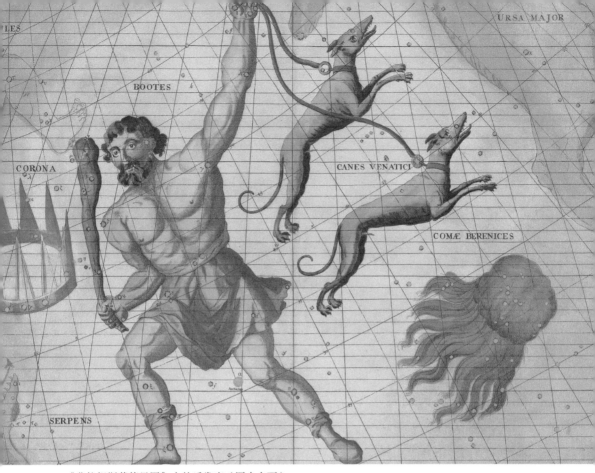

《弗拉姆斯蒂德星图》中的后发座（图中右下）。

1536 年，德国数学家兼制图师卡斯帕·沃佩尔（1511 — 1561）首次在天球仪上将后发座作为独立的星座绘出。在此之前，后发座星群通常都是被当作狮子座尾巴的一部分。1551 年，荷兰制图家墨卡托（1512 — 1594）也将后发座绘在了自己制作的天球上。随后，丹麦天文学家第谷·布拉赫也在他的星表中继承了这个星座。从那以后，后发座便被人们广泛接受。

与大多数早期星座来源于神话传说不同，后发座则源自真实的历史人物。后发座代表着公元前 3 世纪古埃及王后贝勒奈斯美丽飘逸的琥珀色长发，传说她曾剪下自己的秀发，以此感谢天神宙斯让她出征的丈夫托勒密三世平安归来。

后发座 α 又名太微左垣五（东上将），它距离地球 47 光年，比后发座 β 稍暗。借助天文望远镜，我们能观测到这是一个双星系统，两颗大小相当的星体每 26 年围绕对方公转一周。

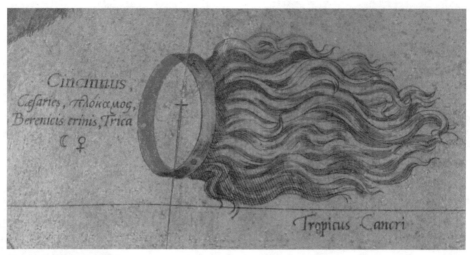

墨卡托天球仪上的后发座。

鹿豹座：曲解长颈鹿

鹿豹座位于大熊座与仙后座之间，也是主要的拱极星座之一，它代表着长颈鹿这种动物。虽然鹿豹座的面积比较大，但是组成它的恒星的视星等基本上都在4等以下，很难分辨出明显的图案。鹿豹座中长颈鹿的前腿、身躯和后腿组成了一个倒置的U形，长长的脖子则一直延伸到天龙座，夹在天龙座的尾巴和小熊座之间。

《赫维留星图》中的鹿豹座。

鹿豹座并不是古希腊的传统星座，它最初由荷兰航海家普朗修斯创立，为的是填补大熊座、小熊座和英仙座之间的一块空白区域。为了能与这一片"瘦

而高挑"的区域相匹配，这里以
《圣经》中的一匹骆驼来命名。
这匹骆驼曾将亚伯拉罕之子以撒
的妻子利百加送到以撒那里，让
他们俩得以结为伉俪。

然而，"骆驼"这个词后来
被误写成了"长颈鹿"，此后又
以讹传讹，以长颈鹿这个名字固
定了下来。但明末的中国人对长
颈鹿还不太熟悉，如画作《明人
画麒麟沈度颂》就将长颈鹿描绘
成"形高丈五，麋身马蹄，肉角
膴膴，文采烨煜"。当时的群臣
在得知外藩进贡长颈鹿后争相目
睹其真容。所以，在翻译长颈鹿
的星座名时，就将长颈鹿描述为
带豹斑的鹿，采用了奇特的名字
"鹿豹"，而这个中文名字被曲
解后沿用至今。

在鹿豹座中，最主要的恒星
是两颗无规律的变星，即鹿豹座
β 和鹿豹座 ζ。鹿豹座 β 是一颗
黄超巨星，视星等为 4 等。1967 年，
它的亮度曾一度突然提升至 1 等，
尽管这种现象只持续了几分钟。
鹿豹座 ζ 是一个双星系统，视星
等通常只有 13 等，但是每隔几周，
它的亮度就会发生较大的变化。

明代职贡图《明人画麒麟沈度颂》中所绘的长颈鹿。

天猫座：敏锐的山猫

　　天猫座位于大熊座和御夫座之间，由 17 世纪波兰天文学家赫维留创立。尽管天猫座的面积比旁边的双子座还要大，但除了拥有一颗三等星以外，就再也没有超过 4 等的亮星。据说，赫维留之所以将其命名为天猫座，是因为天猫的学名为猞猁，它的眼光极为敏锐，所以任何想观察它的人都需要具备山猫般的视力。

　　天猫座是一片比较空旷的天区，一连串的星星从天猫的鼻子延伸到尾巴。通过肉眼观测，基本上只能看到最亮的天猫座 α 。这个区域的恒星在托勒密时期被认为是大熊座以外还没有划归的恒星。17 世纪早期，荷兰航海家普朗修斯曾将这些恒星视为他新创的星座约旦河座的一部分。但是因为《赫维留星图》的巨大影响，天猫座后来成为最被广泛接受的方案并一直沿用至今。

▼ 山猫学院的徽标。1603年成立的山猫学院又名猞猁学院或林琴学院。这是世界上最早的科学协会，鉴于山猫的敏锐观察力而得名。科学家伽利略曾是该学院的院士。

《赫维留星图》中的天猫座。

小狮座：角落的幼兽

《赫维留星图》中的小狮座。

小狮座位于狮子座和大熊座之间，也是由 17 世纪波兰天文学家赫维留创立的。或许是因为大熊座旁有小熊座，大犬座旁有小犬座，所以他在狮子座的上方增加了陪伴它的幼崽小狮座。

小狮座由 18 颗暗淡的恒星组成，其中最亮的恒星只有 4 等，也没有任何与之相关的传说。不过，虽然赫维留创立了小狮座，但他并没有为其中的恒星命名。直到 150 年后，英国天文学家弗朗西斯·贝利（1774 — 1844）才给这些恒星命名。由于贝利的疏忽，小狮座尾部最亮的星被命名小狮座 46，而不是按规范命名为小狮座 α。

古巴比伦伊斯塔尔门上的狮子。伊斯塔尔门修建于公元前 604 年至前 562 年，是当时世界上最大的城市之一古巴比伦城的城门，城门上镶嵌着雄狮的形象。

第2章 黄道家族星座

黄道家族是一个包括 13 个星座的集团，这些星座分别是白羊座、金牛座、双子座、巨蟹座、狮子座、室女座、天秤座、天蝎座、人马座、摩羯座、宝瓶座、双鱼座和蛇夫座，它们都位于黄道之上。

黄道是人们想象中的天球上的一个大圆。当地球绕着太阳悄无声息地运动时，错觉使人们认为地球不动，而太阳在星座之间一年转动一周，然后又回到了原来的位置。通过长期观察后，人们将太阳的这种视觉运动所产生的轨迹叫作黄道。或者说，它是黄道面（即地球绕太阳公转的平面）与天球表面相交的地方。从地球上来看，相对于天球上的恒星背景，太阳总是在黄道上运行。

如果以黄道为基准，向其两边分别延伸出一个想象中的 8°～9° 的带状区域，就形成了黄道带。由于五大行星的运动轨道离黄道面很近，所以行星在天球上运动的区域也都在黄道带之内。和地球一样，五大行星也围绕太阳自西向东公转，因此它们看起来就如同沿着黄道带向东移动。

黄道一圈共经过 13 个黄道星座，每个黄道星座至少都有一部分位于黄道带上。事实上，对于黄道带而言，只要太阳运动到某个星座，这个星座附近的星星就会被太阳耀眼的光芒所遮掩，反而无法被看到。位于太阳正对面的那些星座中的恒星在午夜时分却更容易被观测到。所以，在一年当中，地球绕太阳运转到不同位置时，我们就能在夜里看到这些对应的黄道星座。

黄道和黄道带都是人们想象出来的，无法直接观测到。不过，黄道带附近有 4 颗一等星，它们分别是毕宿五（金牛座 α）、轩辕十四（狮子座 α）、心宿二（天蝎座 α）和角宿一（室女座 α）。在大多数时候，其中的两三颗星会同时出现在天空中。人们根据它们在天空中的位置，就可以大致判断出黄道在哪里。

为了使用方便，古希腊天文学家还将黄道带划分成 12 等份，称作黄道十二宫，每个宫大致相当于黄道带上的一个星座。它们依次对应着除蛇夫座之外的其他黄道星座。其实在天文学上，这些星座的大小并不完全相等。太阳会在每个黄道星座中运行一段时间，其所对应的日期与占星术中十二宫的日期并不相符。究其原因，一方面是由于前面提到的，这些星座的实际大小并不相同；另一方面则是由于岁差的原因，春分点的位置发生了偏移。

在西方古代，占星术是利用天象对国家和王室的命运进行某种预测的占验

《宇宙大和谐》中的黄道带。地球赤道相对于黄道面有大约 23.5° 的倾角，即黄赤交角。天赤道与赤道相重合，所以天赤道与黄道面也有 23.5° 的倾角。天赤道与黄道这两个特殊圆环的相交点分别是春分点和秋分点。

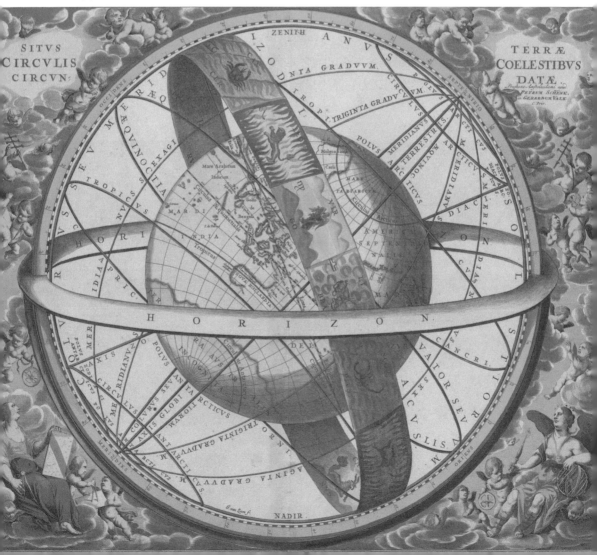

方法，后来又出现了针对个人的星相学。在星相学中，人们出生时的天体位置被认为对人的性格和命运起着重要的影响。比如，白羊座的人被认为易怒，喜爱冒险；天秤座则代表着平衡，被认为处事圆滑，为人八面玲珑。

因此，有不少人相信，一个人出生时所对应的黄道十二宫及星座就决定了他的性格。当然，这背后或许有着一定的影响。太阳位于巨蟹宫，说明你是在夏天出生的；位于摩羯宫则意味着你是在冬天出生的。心理学家们认为，人们出生时的季节和环境在某种程度上会影响他们此后的性格。不过，影响一个人的性格的因素其实有很多，即使同属于一个星座的两个人在性格上也不可能完全相同，所以这些星相学的预测实际上并没有什么根据。

白羊座：金羊毛传说

白羊座位于双鱼座和金牛座之间，是黄道上的第一个星座。白羊座在古希腊非常有名，神话学家们认为它是一只特殊的公羊，是被祭献给众神的。不过，

拜耳《测天图》中的白羊座。

在夜空中，它其实并没有那么引人注目。白羊座中最明显的部分就是其头部的3颗星，它们由娄宿三（白羊座 α）、娄宿一（白羊座 β）和娄宿二（白羊座 γ）构成，形成了一条折线。

在古星图中，白羊座通常被描绘成一只蹲立在地上回望金牛座的公羊。在古希腊神话中，白羊座被认为是一只浑身长满金毛的公羊。传说古希腊的玻俄提亚国王阿塔玛斯娶了云之仙女涅斐勒为妻，他们生下了两个孩子。姐姐叫赫勒，弟弟叫佛里克索斯，一家人过着幸福的生活。

后来，阿塔玛斯喜新厌旧，抛弃了涅斐勒，与一位名叫伊诺的女子结婚。伊诺是个恶毒的女人，她想尽一切办法要除掉涅斐勒的两个孩子。她将烘焙过的种子发给农民，结果种子烂在了地里，颗粒无收，导致全国饥荒。伊诺还假传神谕说，为了免于灾难，必须将这两个孩子献祭给天神宙斯。

云之仙女听闻后焦虑不已，祈求宙斯拯救她的两个孩子。宙斯让神使赫耳墨斯前去搭救。赫耳墨斯派了一只长有双翼的金毛羊飞赴刑场，姐弟二人骑着这只神奇的羊腾空而起。经过一片大海时，姐姐赫勒有点好奇，她向下看了一

阿拉托斯《物象》中的白羊座。白羊座上的圆环象征着黄道，因为白羊座是黄道上的第一个星座。

◀ 古希腊双耳瓶上的佛里克索斯与金羊毛（约公元前340 — 前330）。在西方神话中，金羊毛是财富的象征，也象征着一种冒险精神，一种不屈的意志和对幸福生活的追求。

18世纪画作中的金羊毛故事。金羊毛被悬挂在黑海东岸的科尔基国的一棵橡树上，古希腊英雄伊阿宋乘坐"阿尔戈号"历经艰险最终取得了金羊毛。

眼，想看看自己是如何飞越海洋的。可是只看了一眼，她就感到头晕目眩，从羊背上栽了下来，坠入了海中。赫勒坠落的地方就是如今土耳其的马尔马拉海，这里是连接爱琴海和黑海的交通要道，其中有个海峡就是以赫勒命名的。弟弟佛里克索斯终于平安地逃到了黑海东岸的科尔基国，国王埃厄忒斯不但热情地招待他，而且将自己的女儿卡尔喀俄柏许配给了他。

佛里克索斯按照赫耳墨斯的指示，宰杀了那头公羊，并把它献给了天神宙斯，以感谢宙斯的庇佑。此外，他还将它的金羊毛献给了国王埃厄忒斯，感谢他的收留之恩。宙斯将这份宝贵的祭品升入天空，成为了白羊座。国王则将金羊毛钉在战神阿瑞斯圣林里的一棵大树上，并派一条永不沉睡的巨龙看守，由此也引出了著名的英雄伊阿宋与金羊毛的故事。

在古希腊时代，春分点（即天赤道与黄道的交点）位于白羊座与双鱼座的

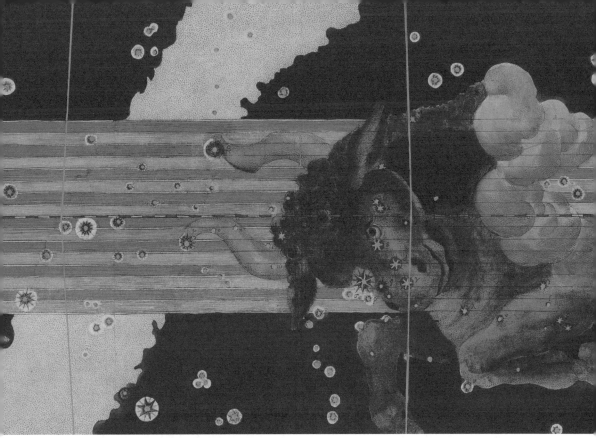

拜耳《测天图》中的金牛座。

交界处。由于岁差的原因（即地轴的缓慢摆动，导致春分点的进动），如今春分点已经移至双鱼座，并逐渐转向宝瓶座。不过，人们还是习惯将白羊座看作春分点的位置，以此作为黄道的起点。

金牛座：诱拐欧罗巴

金牛座位于白羊座和双子座之间，也是夜空中非常醒目的一个星座。该星座中有许多适合观测的天体，著名的有昴星团、毕星团和蟹状星云等。公牛头部轮廓的 V 字形就是由毕星团构成的。通过金牛座橙红色的眼睛毕宿五（金牛座 α），很容易找到金牛座。这颗亮星的视星等为 0.9 等。在古代波斯，它与轩辕十四（狮子座 α）、心宿二（天蝎座 α）、北落师门（南鱼座 α）合称"四大王星"，因为这4颗星距离黄道很近，而且几乎均匀地分布在黄道上，被当作天空的"王者"。其中，毕宿五内部的氢很快要消耗殆尽，它正由主序星演变为红巨星，所以可以明显地看到它散发出的橙色光芒。

在古希腊神话中，金牛座是天神宙斯的化身。传说在地中海附近有一个腓尼基国，国王有一位美丽的公主欧罗巴。有一次，欧罗巴在海边的沙滩上玩耍。天神宙斯路过这里，迷上了这位少女。于是，他命令神使赫耳墨斯将在山脚下吃草的牛群赶到海边，自己则变成一头公牛混在牛群中。欧罗巴看到山坡上有一群牛朝着自己走来，其中的一头非常俊美。这头公牛温顺地趴在她的身旁，她被这头公牛所吸引，便小心翼翼地贴近它，甚至大胆地骑在牛背上。可是，就在它刚刚在牛背上坐稳的时候，那头公牛就立即站起来，狂奔入海，在海中游了一整天。

据说，为了让欧罗巴紧紧地抱住自己，宙斯狡猾地将公主的身体浸在水中。海浪冲过公牛的背，惊慌失措的欧罗巴只能紧紧地抓住公牛的角。因此，金牛座在天空中只有上半部分露出来。如果用神话来解释的话，那是因为它的下半部分完全被淹没在海水里。事实上，这是由于天空中并没有足够的空间来展示这头公牛。另外，传统星图中的金牛座一般都是前腿曲蹲着，或许这也是为了符合神话，反映宙斯吸引欧罗巴趴在牛背上的情景。

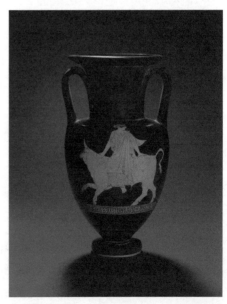

后来，公牛载着欧罗巴从腓尼基海岸一直往西，穿越茫茫大海，来到了克里特岛。欧罗巴在这里为宙斯生下了三个孩子。宙斯对自己化身为公牛的这次经历非常满意，便将其升入空中，成为了金牛座。由于欧罗巴到达的克里特岛是欧洲文明的发源地，所以西方人就把这片大陆称为欧罗巴，也就是英语中的"欧洲"（Europe）。

古希腊双耳罐上的欧罗巴与公牛。（约公元前440—前435）。

金牛座中的昴星团M45是天空中

最著名的疏散星团，距离地球大约 440 光年。由于在正常情况下，人们用肉眼只能看到其中的六七颗星，所以它们也叫七姐妹星。昴星团中最亮的星是靠近中心的昴宿六（金牛座 η），视星等为 2.9 等。整个昴星团非常大，以至于在视觉上它跨越了大约相当于 3 个满月的视直径范围。通过太空望远镜可以看到，昴星团的一些亮星周围弥漫着薄雾状的蓝色气体尘埃云，其中包括 1000 多颗恒星。

金牛座中公牛右角附近有一处超新星遗迹，这就是蟹状星云，它由爱尔兰天文学家罗斯伯爵三世于 1884 年命名。他借助大口径天文望远镜发现，这个星云的外形与螃蟹有些相像。中国宋代的司天监官员杨惟德在 1054 年就记录了金牛座超新星的爆发过程，并将其命名为"天关客星"。蟹状星云也称为 M1 星云，这是因为法国天文学家梅西耶在他的《梅西耶星云星团表》中将蟹状星云列在了第一位。

油画中的欧罗巴与公牛。金牛座形象一般显示公牛的上半身，这是因为在神话故事中，当公牛在海水中前进时，它的下半身都浸在水中，无法看到。

阿拉托斯《物象》中的昴星团形象以及太空望远镜拍摄的昴星团照片。

蟹状星云。

双子座：手足情深切

双子座位于金牛座和巨蟹座之间，是黄道带上非常明显的一个星座。通过其中最亮的两颗星北河二（双子座 α）和北河三（双子座 β），很容易分辨出这个星座。在古希腊神话中，这两颗星代表一对双胞胎 —— 卡斯托耳和波吕克斯兄弟。不过，尽管象征着双胞胎，但是这两颗恒星有着不同的特征。

北河三（对应于波吕克斯）是其中较亮的那颗，其视星等为 1.1 等，它是距离地球 34 光年的一颗橙巨星。北河二（对应于卡斯托耳）的视星等为 1.6 等，是一颗距离地球 52 光年的蓝白色恒星。由这两颗星也可以看出，虽然星座中的 α 星通常代表其中最亮的星，但也并不总是这样。北河二就是一个很好的例子，它虽然是双子座的 α 星，但比北河三要暗一些。

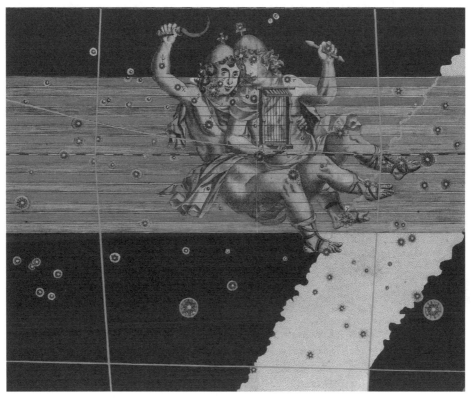

拜耳《测天图》中的双子座。

此外，每年12月13日前后，北半球三大流星雨之一的双子座流星雨就会从北河二附近的辐射点散发出来。最多的时候，一小时就能看到100颗流星，非常壮观。和其他大多数流星雨不同，双子座流星雨的母体不是彗星残骸，而是一颗名为法厄同的小行星。

双子座一直以来都是孪生兄弟形象，其实在古希腊神话中，他们并非真正的双胞胎。卡斯托耳和波吕克斯是斯巴达王后勒达的两个儿子，但是据说波吕克斯是天神宙斯的儿子，而卡斯托耳则是斯巴达国王廷达瑞俄斯的儿子。两兄弟都参加了古希腊史诗记载的阿尔戈远航去寻找珍贵的金羊毛。

双子座的起源与斯巴达王后勒达有关，天神宙斯被她的美貌所吸引，便化作白天鹅缓缓向她游去。勒达将天鹅抱在怀里嬉戏，后来产下了两枚天鹅蛋。其中的一枚孵出了卡斯托耳和波吕克斯；另一枚孵出了海伦和吕泰涅斯特拉，海伦就是后来世界闻名的美女。后来，宙斯将天鹅的形象置于天空中成为天鹅座。

传说卡斯托耳与波吕克斯兄弟俩情同手足。作为宙斯之子，波吕克斯拥

法尔内塞宫凉廊穹顶壁画上的勒达与天鹅，画中的天鹅蛋中孵出了卡斯托耳和波吕克斯。

阿拉托斯《物象》中的双子座。在古希腊神话中，双子座的另一个身份是宙斯的另外两个儿子，即阿波罗和赫拉克勒斯。他们虽然是宙斯之子，但不是双胞胎。在一些古典星图中，双子座中的阿波罗手持七弦琴和箭，赫拉克勒斯则手持棍棒。

有神一般的能力，而卡斯托耳则是斯巴达国王之子，只是肉体凡胎。后来，在一场战斗中，哥哥卡斯托耳被杀死，弟弟波吕克斯十分愤怒地杀死了仇人。虽然报了仇，但弟弟还是很伤心，于是他向天神宙斯乞求，希望让他们兄弟俩可以永远在一起。为了褒奖兄弟间的友爱之情，宙斯将他们一同升到天上，成为引人注目的双子座。双子座的兄弟情深也感动了古往今来的人们，古希腊人也尊奉双子为慈惠之神，以宣扬他们的友爱亲情。

巨蟹座：无名的螃蟹

巨蟹座位于双子座和狮子座之间，是黄道十二星座中最暗淡的一个。巨蟹的身体呈四边形，由 4 颗暗星组成。周围其他的星则形成了巨蟹的腿，巨蟹的两只大螯由巨蟹座 α 和巨蟹座 τ 构成。虽然这个星座不大，而且其中的恒星都比较暗，但拥有一个非常著名的疏散星团，那就是鬼星团。因为肉眼看上去，它很像一团白色云气，在中国古代也叫积尸气。

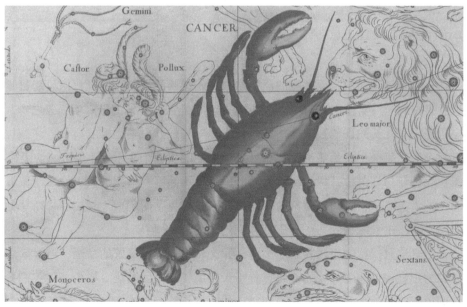

《赫维留星图》中的巨蟹座。巨蟹座的形象通常是一只巨大的螃蟹，但在有些古典星图中，它更像一只大龙虾。

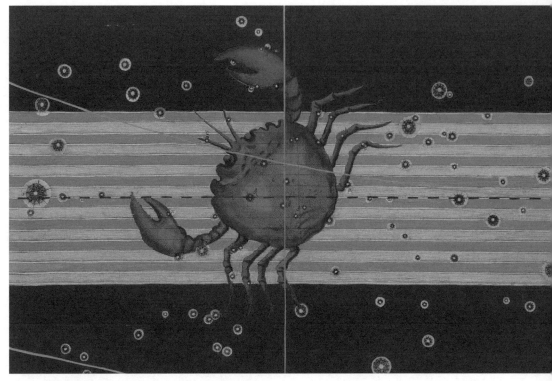

拜耳《测天图》中的巨蟹座。

在古希腊神话中，巨蟹座的原型是一只不起眼的螃蟹。据说，这只螃蟹是天后赫拉的一只宠物。有一次，大力神赫拉克勒斯去执行他的十二项任务之一，在沼泽中与九头蛇许德拉战斗。作为怪物堤丰和蛇妖厄喀德娜的后代，许德拉有9个头，每一个头都能再生，而且据说中间的那一个头永远不会死去。就在赫拉克勒斯与许德拉打得难解难分之时，这只不起眼的螃蟹被派去偷袭这位战斗中的大英雄，它的两只大螯紧紧地钳住了赫拉克勒斯的脚。赫拉克勒斯感到一阵剧痛，在情急之下，一脚狠狠地将这只螃蟹踩个粉碎。

尽管这只螃蟹的出场并不怎么体面和光彩，也没有多好的命运，但是天后赫拉为纪念自己心爱的宠物，将它置于天空中，成为巨蟹座。如今，当我们抬头仰望夜空时就会发现巨蟹座与许德拉的原型长蛇座紧挨在一起，看起来它们仍在商讨如何对付武仙座赫拉克勒斯。

耶稣会士汤若望《远镜说》中的鬼星团形象以及太空望远镜拍摄的鬼星团照片。

　　天文学上，巨蟹座也与北回归线有关。北回归线是地球上的一个纬度位置，每当夏至日（6月21日），太阳就会垂直照射在北回归线上。在古希腊时期，夏至日太阳在天空中也将运动到巨蟹座的位置。因此，巨蟹座也就与北回归线建立起了联系。不过，由于岁差的原因，如今夏至时太阳已经从巨蟹座穿过邻近的双子座，转移到了金牛座。

　　鬼星团距离地球大约580光年，其形象似蜂窝，也被称作蜂巢星团，在古希腊时期已有记录。因为在夜空中，肉眼看到的鬼星团就像一个模糊的斑块，所以中国古人称之为积尸气。《石氏星经》记载道："鬼中央一星，白如粉絮，似云非云，似星非星，见气而已，名曰积尸，亦曰积尸气。"鬼星团南北两侧有两颗亮星，分别是鬼宿三（北）和鬼宿四（南）。在拉丁文中，它们是"北方的小驴"和"南方的小驴"的意思。古希腊人和古罗马人也将鬼星团看作牲口的食槽，称之为马槽星团。

狮子座：威武百兽王

狮子座位于巨蟹座和室女座之间，是黄道带上的一个大星座。狮子的头部和胸部是由 6 颗星星组成的镰刀形图案，也是一个类似于反问号的形状。狮子座的外形就像一头蹲伏着的狮子，比较容易辨认。它也是春季最为显眼的大星座之一。狮子座拥有 3 颗亮星，其中镰刀形的最下端是一等星轩辕十四（狮子座 α）。这颗散发着蓝白色光芒的恒星是所有一等星中最暗的一颗。即便如此，它的亮度也是北极星的两倍，所以很容易找到。

在传说中，轩辕是中华民族的祖先，而在西方轩辕十四则代表狮子的心脏。此外，狮子座尾部的亮星五帝座一（狮子座 β）与大角星、常陈一和角宿一起构成了"春季大钻石"。狮子在西方被认为是百兽之王。在古希腊神话中，狮子座代表的是涅墨亚狮，它被大力神赫拉克勒斯所杀。由于受到了天后赫拉的诅咒，赫拉克勒斯陷入疯狂状态，误杀了自己的骨肉。为了赎罪，他必须完

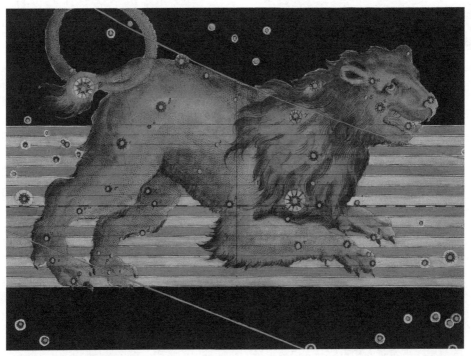

拜耳《测天图》中的狮子座。

成十二项难以完成的任务。在这些任务中，第一项就是杀死涅墨亚狮。传说涅墨亚狮的皮毛坚韧无比、刀枪不入，当赫拉克勒斯向这头狮子射箭时，发现它的皮可以抵抗各种武器的攻击。

赫拉克勒斯并不气馁，他把狮子逼到洞里去。接着，赫拉克勒斯堵上一条通道，从另一条进入。他和狮子展开肉搏，用双臂抱住它的喉咙，直至狮子咽气为止。获胜的赫拉克勒斯将狮子扛在肩上，他还用狮子锋利的爪子割下它的毛皮做成盾牌，用狮子的头做成头盔，将自己全副武装起来，成为一位战无不胜的大英雄。宙斯为了表彰赫拉克勒斯的这一功绩，将狮子升入天空成为狮子座。

狮子座最著名的天象是狮子座流星雨，每年 11 月地球都会穿过坦普尔 — 塔特尔彗星留下的尘埃带。这时，在狮子座的头部辐射点附近就能看到一场流星雨。不过，通常狮子座流星雨的流量不大，只是偶尔爆发。1833 年爆发了一场极为壮观的狮子座流星雨。

油画中的赫拉克勒斯与涅墨亚狮。

室女座：冥王掠妻记

室女座位于狮子座与天秤座之间，是全天第二大星座，仅次于长蛇座，也是黄道星座中最大的一个。它的外形有点复杂，可以被简化成倾斜的 Y 形。室女座中最亮的恒星角宿一（室女座 α）位于这个 Y 形的最下端，它象征着女神手中的麦穗，阿拉伯人将它称为"没有武装的人"。星座中另一颗重要的恒星是东上相（室女座 γ），这颗星也是古罗马女神卡门塔的别名，据说她的预言可以让诗人产生灵感。

室女座最特别之处在于它拥有距离地球最近的星系团，其中包含数千个星系。在室女座北侧的边界附近有距离银河系最近的星系团之一，这就是室女星系团，它位于室女座的 Y 形分叉处。其中最亮的一些星系都是巨型椭圆星系，椭圆星系 M87 就是位于室女座星团中心位置的一个巨大星系，并且是靠近银河

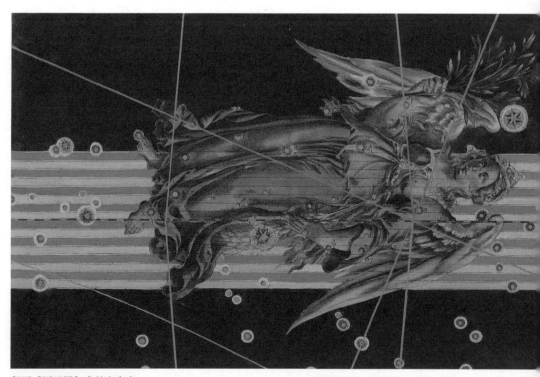

拜耳《测天图》中的室女座。

系的质量最大的星系之一。

在古希腊神话中，室女座具有多种身份。有些人认为它是正义之神的象征，而旁边的天秤座则代表她用来主持正义的秤。在古星图中，室女座的形象是一位长着翅膀的女神，她的一只手拿着镰刀，另一只手拿着沉甸甸的麦穗。因此，她也被认为是古希腊主管农业的女神德墨忒耳。德墨忒耳有一个美貌出众的女儿，名叫珀耳塞福涅。有一天，冥界之神哈迪斯绑架了她，并将她劫持到自己的地下王国成为了冥后。德墨忒耳由于找不到女儿而悲伤欲绝，谁都不愿意见。这也导致草木不生、田地荒芜。后来，她知道了真相，要求哈迪斯归还自己的女儿。但是，珀尔塞福涅在冥界吃了一些石榴籽，这使她永远无法回到人间。

最后，宙斯不得不对这件事进行调停，他让哈迪斯允许珀耳塞福涅在一年中有半年的时间与母亲在一起。这样，只要女儿一回来，德墨忒耳便兴高采烈，大地就恢复了生机，繁荣昌盛。当女儿离开后，她便无精打采、茶饭不思，大

德墨忒耳雕像。 　　　　　　　法尔内塞宫凉廊穹顶壁画中的室女座和月亮。

室女座中的草帽星系。

地就进入了寒秋与严冬。这也是关于一年四季由来的一个古老传说。或许是室女座出现时正好是收获的季节，所以她被赋予了丰收女神的形象，变成了一个手持麦穗的女神，而室女座中最亮的星就位于她所捧着的谷穗上。

在西方，室女座也被认为与圣母玛利亚有所关。8月中旬，室女座会被强烈的阳光所遮蔽，就像消失了一般。8月15日这一天也成为基督教中的圣母升天节，世界各地的基督徒都会庆祝圣母升天，即圣母玛利亚在人间消失。这一自然现象正好和室女座在阳光下消失相吻合。

室女座中有许多星系，其中以南部的旋涡星系 M104 最为著名，其形状酷似墨西哥大草帽，因此它也被称作草帽星系。这个星系有一个明亮而巨大的黑洞星系核，而在它的旋臂上，由星际尘埃形成的暗带状结构非常独特。

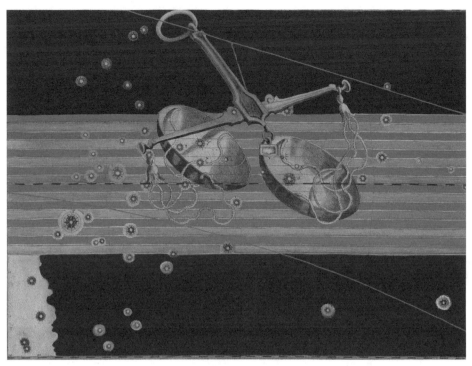

拜耳《测天图》中的天秤座。

天秤座：正义之天平

天秤座位于室女座与天蝎座之间，是黄道十二宫中唯一代表无生命物体的星座。天秤座象征着正义女神阿斯特莉亚裁决时所用的天平，但是在古希腊时期，它最初并没有被当作独立的星座。在托勒密的星座中，天秤座代表天蝎座的利爪，其中的亮星氐宿一（天秤座 α）和氐宿四（天秤座 β）分别代表天蝎的"南螯"和"北螯"。

后来，古罗马人称这个星座为天秤座，并将它与室女座联系起来。于是，这个星座逐渐与天蝎座分离开来，成为了室女座正义女神手中的天平。对于古罗马人来说，天秤座也是他们喜爱的一个星座。据说，在罗马城建立时，月亮位于天秤的位置，所以被认为是政权合法的标志。公元 1 世纪，古罗马诗人曼尼里乌斯曾说过："在它的下面，罗马的主权得以建立。"此外，他还描述说，天秤座的出现是"四季平衡，昼夜相配"的象征。这也是罗马人将天秤座视为一种平衡的重要原因。

　　根据神话传说，天秤座代表正义女神主持公平正义的天平。相传最初的世界处于辉煌的黄金时代，那时的人们心地纯洁善良，气候也是四季如春，人们过着衣食无忧的生活。在奥林匹斯的众神战胜泰坦神族后，世界上出现了各种各样的灾难和战争，但是人们仍然虔诚地信仰天神，向诸神祷告和祈福。但随着人类的不断堕落，整个世界进入了残酷的黑铁时代。人们背信弃义，战争频发，众神对堕落的人类失去信心，纷纷抛弃了人类。此时只有正义女神不离不弃，还坚持为人们主持正义，公正审判。因此，夜空中就有了天秤座，以纪念她的

拉斐尔画作中的正义女神。这幅壁画是梵蒂冈宫殿天花板上的四幅壁画之一，名为《法学》。另三幅分别是《神学》《哲学》和《诗学》。拉斐尔用绘画的形式将这几种学问表现了出来，体现了当时的人文思想。人们认为法学是一门追求正义的学问，画中的正义女神高举着宝剑，手持天平，端坐在正中。

库格尔天球。西方已知年代最早的天球是库格尔天球，其年代大约可以追溯到公元前 2 或 3 世纪。这个天球是一个直径为 6.3 厘米的小银球，于 2002 年发现于土耳其东部最大的咸水湖——凡湖中。值得注意的是，天球上的天秤座只是作为天蝎座利爪的一部分。

公正无私。

古希腊人将天秤座这片天区称作"天蝎的螯"，即蝎子的爪子。在阿拉伯语里，天秤座的两颗亮星天秤座 α 和天秤座 β，分别是"北螯"和"南螯"，这也反映出天秤座过去曾经是天蝎座的一部分。从天文学角度来看，天秤座在古代曾经位于秋分点附近（如今秋分点开始逐渐移向室女座），而秋分时的昼夜长度相同。将这个星座命名为天秤可能也有这方面的考虑，因为它平衡了白昼与夜晚的长度。另外，在黄道十二宫中，天秤座刚好排在中间，天秤座的起点也是黄道十二宫的中间点。

天蝎座：人生不相见

天蝎座位于天秤座与人马座之间，是夏季夜空中最显眼的星座。在每年 6 月份之后的夜晚，它便出现在南天的低空位置。天蝎座中的亮星排成巨大的钩状，看上去很像一只大蝎子，尤其是弯曲部位的星星如同蝎子尾巴上的毒针。天蝎座有一半沉浸在银河之中，在它的心脏部位有一颗红色亮星，这就是著名的心宿二（天蝎座 α），在中国古代也叫大火星。在天蝎座中，还有 M7 等壮丽的疏散星团，用肉眼和普通望远镜就能观看到。

在古希腊时期，奥维德在《变形记》一书中曾写道："有一处地方，带有弯曲尾巴和爪子的蝎子在黄道十二宫的两个星座上伸展开来。"他在文中提到的天蝎座要比我们如今所知的这个星座大得多。古希腊的天蝎座分为两部分，一是天蝎的身体和毒刺，二是它的爪子。后来，它的爪子在罗马时期演变成了独立的天秤座。

在古希腊神话中，天蝎座被认为与猎户座永不相见。神话中猎户座的原型是猎人奥里翁，他也是狩猎女神阿忒弥斯的情人。奥里翁不但擅长打猎，而且力大无比。英俊的外表和高大健壮的身材更是让他变得非常骄傲自大，他常常向别人夸耀自己是世上最伟大的猎手。为了教训狂妄的奥里翁，天后赫拉派了一只毒蝎在他每天经过的路上埋伏，想趁其不备袭击他。奥里翁发现了毒蝎子，但为时已晚。他被毒蝎蜇了之后，没多久便毒发身亡了。与此同时，奥里翁倒下的身体也恰巧压在了来不及躲闪的毒蝎身上，毒蝎被活活压死了。毒蝎由于忠于职守，被天后赫拉升到天上成为天蝎座。

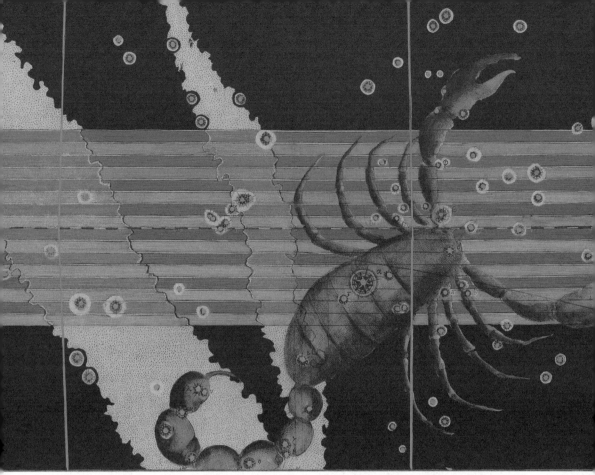

拜耳《测天图》中的天蝎座。天蝎座的外形非常完整，从高昂的头、巨大的身躯到翘起的尾巴，可谓一应俱全。其中，最亮的星天蝎座 α 正好位于蝎子心脏的位置。

奥里翁也被升到了天上，成为了猎户座。为了阻止猎户与毒蝎在天上继续搏斗，天神们不得不将他们放在天空中遥遥相对的位置。每当天蝎座的头部刚从东方的地平线上升起时，猎户座已没入西方的地平线之下。于是，二者此起彼落，互不相见。

其实，在中国古代也有类似的故事。或许你还记得杜甫的诗句"人生不相见，动如参与商"，当中的参与商分别指猎户和天蝎。在中国古代，人们将猎户座腰带上的三颗星称为参星，将天蝎座躯干上的三颗星称为商星。它们分别位于黄道的东西两头，商星在东边升起时，参星刚好没于西方，两者此起彼落，永不相见。那么问题又来了，一颗升起来，一颗落下去，天上相对的星星并不只有参星和商星，为何非拿这两颗星进行比喻呢？

天蝎座的星空连线。天蝎座中最亮的星是心宿二，它是一颗红超巨星，代表天蝎的心脏。天蝎的尾巴位于银河中恒星密集的区域，它的附近分布有很多星团。

    其实，这背后有一个典故。《左传》记载，黄帝的曾孙高辛氏（也就是帝喾）有两个儿子，即长子阏伯和次子实沈。然而，兄弟俩并不和睦，性格都非常要强，动不动就整天打架，一天也没闲下来。为此，他们的父亲帝喾对兄弟俩的好勇斗狠感到头疼极了。俗话说手心手背都是肉，天底下哪位当父亲的不希望自己的孩子们相亲相爱呢？

    为了阻止这两个熊孩子继续胡来，帝喾不得不将大儿子阏伯分封到商丘，主商星（即天蝎座的心宿一、心宿二和心宿三），又将二儿子实沈分封到大夏，主参星（即猎户座腰带上的参宿一、参宿二和参宿三）。这样，爱打斗的两个熊孩子都变成了星星，从此两兄弟俩便永不相见。因此，"参商"也就有了不和睦的意思。

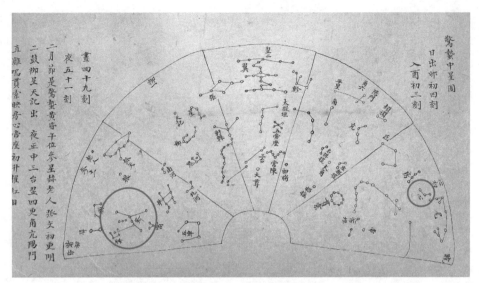

明代《天文节候躔次全图》。星图左边的参宿和右边的心宿遥遥相对，两者似乎永不相见。

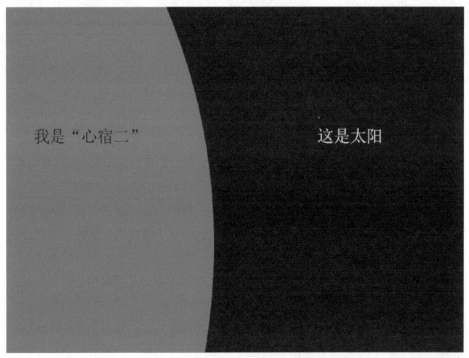

心宿二与太阳的大小比较。心宿二的直径比太阳大800多倍。假如一个人从心宿二的一边打电话给另一边的人，对方需要一个多小时之后才能接收到信号。

人马座：高超的射手

　　人马座位于天蝎座与摩羯座之间，正好处在银河中心方向上。在古星图中，人马座被描绘成一个人首马身的神灵。他身披斗篷，拉弓搭箭，向旁边的天蝎座瞄准。人马座中还有很多著名的星云与星团。在人马座西面，用肉眼隐约可以看见三叶星云 M20。人马座最显著的特征是其中有一个茶壶状的结构，也称茶壶星群，它由星座中的几颗亮星组成。构成壶柄的 4 颗星与构成壶身的两颗星排列成斗勺形，也称"南斗六星"。这个斗勺仿佛正在银河中舀水。

　　人马座是一个很古老的星座。在古巴比伦之前的苏美尔人时期，它就象征着战争与狩猎之神。人们将他描绘成一个半人半马、长着翅膀的弓箭手。后来，在古希腊神话中，人们又借用了这一形象。于是，人马座代表介于神与人之间的一些兽神，也被称为人马族。人马族大多生性凶猛，其中有一位却博学聪慧、

拜耳《测天图》中的人马座。

多才多艺，这便是高雅且充满智慧的喀戎。

传说喀戎是时间之神与海洋女神所生，他精通医术、音乐、占卜等技艺。在古希腊神话中，许多英雄人物都是他的学生，比如大英雄赫拉克勒斯、太阳神之子俄尔甫斯、医神阿斯克勒庇俄斯等。他们都是他的得意门生，因此喀戎备受尊重。

在一次战斗中，喀戎被赫拉克勒斯的箭误伤，箭矢射中了喀戎的膝盖。赫拉克勒斯为自己误伤恩师悔恨不已，但事情已经无法挽回了。箭头上浸有毒蛇许德拉的毒液，这让精通医术的喀戎也无可奈何。由于喀戎是不死之身，却又要忍受剧毒对身体的折磨，这使得他痛不欲生。于是，喀戎决定放弃自己的生命，用自己的性命换取普罗米修斯的自由。普罗米修斯由于此前帮助人类盗取火种

法尔内塞宫壁画中的人马座。根据托勒密的描述，人马座的头上系着一件飘逸的斗篷，他的前脚周围有一圈星星，组成了一个花环，这个花环就是南冕座。

法尔内塞宫凉廊穹顶壁画中的人马座和太阳神。人马座喀戎曾是太阳神之子俄尔甫斯和医神阿斯克勒庇俄斯等人的恩师。

而被宙斯捆绑在高加索山上。为了纪念喀戎这位伟大的智者，他的形象被置于夜空中成为人马座。

在中国古代，人们将人马座中的 6 颗星称作南斗，民间有"南斗主生，北斗主死"的传说。据说三国时期，魏国有一位叫作管辂的术士，他见到一位年轻人，告诉他有短命的征兆。这个年轻人的家人极为悲痛，管辂便吩咐年轻人准备好鹿肉和上好的酒，往山后桑林方向走去。如果遇到两位仙人，就献上准备好的鹿肉和美酒。果不其然，年轻人在一棵桑树下遇见了两位正在下棋的老者，两位老者沉迷于棋局，不知不觉就将酒肉吃完。于是，坐在南侧的老者取出一本簿子，找到年轻人的名字，将他名字后的寿命由 19 改成 99 岁。后来，年轻人终于长命百岁了。相传这两位老者分别是执掌生的南斗和执掌死的北斗。

人马座中的三叶星云。它具有非常漂亮的结构，如同带有三瓣叶子的花朵。图中的粉色部分主要是发射星云，而北面的亮蓝色部分主要是反射星云，这两种颜色形成了鲜明的对比。

摩羯座：鱼羊变形记

摩羯座位于宝瓶座与人马座之间，是黄道十二星座中最小的一个，它的面积不及黄道十二星座中最大的室女座的三分之一。摩羯座是由三等星和四等星组成的暗小星座，起源于古巴比伦地区的苏美尔人，代表一只长着鱼尾的山羊。苏美尔人对两栖生物情有独钟。

在天文学上，摩羯座还曾经对应着北回归线。到了冬至，太阳就会移动到黄道中的摩羯座。不过由于岁差的原因，如今冬至时的太阳已经逐渐移至人马座。

在古希腊神话中，摩羯座的原型是潘神，他拥有山羊的角和腿。潘神是一个出没不定的顽皮怪物，大部分时间他都在追逐雌性或者在午睡。有时，他还大声喊叫吓唬人，所以他的名字也是"恐慌"一词的由来。

潘神两次拯救过奥林匹斯诸神。第一次是在众神与泰坦的战斗中，他曾吹

拜耳《测天图》中的摩羯座。

着海螺，向众神发出预警。另一次是可怕的怪物堤丰突然来袭，在潘神的建议下，众神纷纷伪装成动物躲避这个怪物。可是，潘神在惊慌中本想学着爱神维纳斯母子变成一条鱼逃走，却没来得及完全变成鱼，只有下半身变成了鱼尾。于是，他就成了上半身是山羊、下半身是鱼的样貌。后来，宙斯为了纪念潘神的付出，将这一形象升到天空成为摩羯座。

　　"摩羯"这个中文名称实际上来源于佛经。宋代文学家和政治家苏东坡曾说过："退之诗云：'我生之辰，月宿直斗。'乃知退之磨蝎为身宫。而仆乃以磨蝎为命。平生多得谤誉，殆是同病也。"这段话的大致意思是，通过韩愈（字退之）"我生之辰，月宿直斗"的诗句，可以推测出他是摩羯座，而苏东坡本人生于12月19日卯时，也是摩羯座。

　　苏轼自以为与韩愈同病相怜，终其一生被人诋毁，命运非常不好，算是不折不扣的"摩羯男"。可以看出，当时人们

法尔内塞宫凉廊穹顶壁画中的摩羯座和维纳斯。潘神本想模仿维纳斯母子变成鱼，但弄巧成拙，成了半羊半鱼的形象。

河北宣化张世卿墓星象图中的摩羯座。辽代张世卿墓穹窿顶上绘有一幅彩色星象图，其直径约为2.17米，被称为《宣化辽墓星象图》。整幅星图由若干同心圆构成，其外圈绘有包括摩羯在内的黄道十二宫像。

认为摩羯座通常预示着人生不如意，颇有今天所谓的"属羊命苦"的意味。自从韩愈和苏轼将个人身世和摩羯座联系起来以后，后世文人、士大夫纷纷"对号入座"，抒发身世浮沉之感。比如，晚清名臣曾国藩曾感叹道："诸君运命颇磨蝎，可怜颠顿愁眉腮。"

苏东坡提到的"磨蝎"，在佛经中又称"磨竭"，在西方神话中是羊身鱼尾的形象。摩羯座传入印度后，印度人就用神话传说中的猛兽摩伽罗来指代摩羯。摩伽罗又称摩羯鱼，据说是大象、鳄鱼和鲸等动物的混合体，有着翻江倒海的神力。由于印度人信奉佛教，摩羯的形象也被引入当时的很多佛教艺术作品中，人们信奉它有镇邪护身的作用。

因为摩羯有着羊和鱼两种属性，似乎汉字"鲜"倒是很符合它的特点，但毕竟不够典雅。后来，为了切合羊身的形象，它的中文译名就由"竭"改为"羯"，于是便有了"磨羯"或"摩羯"，而"羯"字本意为阉割过的公羊。自此，摩羯也成为了唯一保留音译的黄道星座。

宝瓶座：斟水美少年

宝瓶座位于摩羯座和双鱼座之间，是黄道中较大的星座，象征着一个正在从宝瓶中往外倒水的少年。尽管宝瓶座的面积不小，但是它的里面几乎都是暗恒星，很难追踪和观察到。宝瓶座的南面有 4 颗四等星，构成了一个"Y"字形，如同宝瓶的形状。这也是它的一个特殊标志。这个星座中有两列暗星，它们从瓶口延伸向南方和东南方，像是从宝瓶中倒出来的琼浆玉液。这些琼浆玉液一直流入了南鱼座的鱼嘴。

在古希腊神话中，宝瓶座代表英俊的特洛伊王子伽倪墨得斯。据说天神宙斯的女儿、青春女神赫柏经常出现在宙斯举办的宴会上，为众神倾玉液倒琼浆，正如同普通人家中的女儿在招待宾客时倒茶斟酒一样。在赫柏出嫁后，宙斯便想到人间去寻找一个合适的人，以代替她的工作。年轻俊美的伽倪墨得斯便成为了理想的人选。于是，宙斯派遣神鹰将伽倪墨得斯驮到天界，负责为众神斟酒。伽倪墨得斯不负众望，出色地胜任了这项工作，得到了众神的一致认可。他的形象也被宙斯置于夜空中成为宝瓶座。

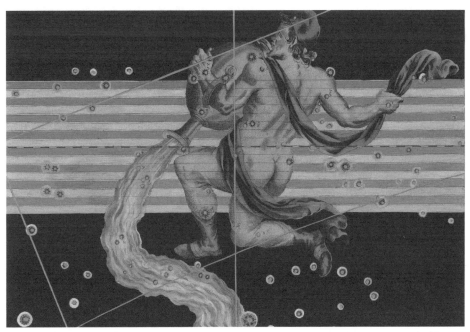

拜耳《测天图》中的宝瓶座。

油画中被老鹰掠走的伽倪墨得斯。

还有一种说法是，太阳经过该星座时，正好是雨季，人们便想象有人从天空中往下倒水的样子。事实上，在这个星座的发源地 —— 古代的两河流域，每年 11 月至次年 4 月正值雨季。这个时段太阳所在位置附近的星座都和水有着密切的关系，比如南鱼座、双鱼座、波江座、鲸鱼座和海豚座等都距离这里不远。

双鱼座：爱神母子情

双鱼座位于宝瓶座与白羊座之间，整个星座中几乎没有亮星。双鱼座中的恒星排成一个巨大的"V"字形，"V"字形的两边各象征一条鱼。两条鱼互相成直角游动，一条向北，另一条向西。而它们的尾巴则用带子连在一起，连接点是外屏七（双鱼座 α）。这是一颗呈蓝白色的双星，两星互相绕转，周期约为 900 天。

拜耳《测天图》中的双鱼座。

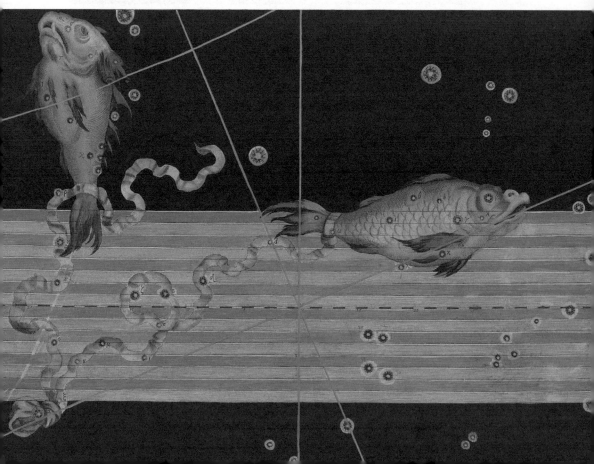

在古希腊神话中，在诸神的飨宴上，怪物堤丰突然来袭。众神大惊失色，纷纷变身遁逃。天后赫拉变成一头母牛，阿波罗变成了一只渡鸦，阿耳忒弥斯则变成了一只猫。这样，觥筹交错、纸醉金迷的神宴瞬间变得混乱不堪。

在这次袭击中，潘神在慌乱之际未能变身成功，成了上身山羊下身鱼形的怪物。这个形象后来成为了摩羯座。与之形成鲜明对比的是，美神阿佛洛狄忒与爱神厄洛斯母子（也分别称作维纳斯和丘比特）心有灵犀，变成一对游鱼，一同跃入河中。因为担心与儿子失散，阿佛洛狄忒还专门用绳索将鱼尾系在一起。后来，智慧女神雅典娜将他们母子的这一化身升到天空中成为双鱼座。

在天文学上，双鱼座引人注目的地方在于每年3月20日太阳穿过天球赤道进入北半球的春分点，如今春分点就位于这个星座中。在古希腊时期，春分点曾位于白羊座中，但由于地轴的缓慢摆动，出现了岁差，使得春分点已经移至双鱼座。

油画中的阿佛洛狄忒和厄洛斯。在古罗马，阿佛洛狄忒和厄洛斯也分别称作维纳斯和丘比特。

法尔内塞宫凉廊穹顶壁画中的双鱼座。图中绘有阿佛洛狄忒和她的儿子厄洛斯，另外一个人是土星的人物形象。

蛇夫座：持蛇的名医

　　蛇夫座是一个巨大的星座，从北边的武仙座一直延伸到南边的天蝎座和人马座。它也是唯一同时横跨天赤道、黄道和银道的星座，因此也是一个颇有争议的星座。按照传统星占学，蛇夫座不属于黄道十二宫。但当仰望星空时，你就会发现，如今太阳在黄道上运动的路径在天蝎座只有区区一周的时间，而在邻近的蛇夫座中有三周的时间。也就是说，由于岁差的影响，蛇夫座俨然成了黄道中的第十三个星座。

拜耳《测天图》中的蛇夫座。

2006 年，国际天文学联合会将冥王星重新定义为矮行星之后，人们开始意识到似乎没有什么规则可以在天空中永远保持不变。所以，对于是否将蛇夫座命为第十三个黄道星座一直存在争议。作为回应，美国国家航空航天局（NASA）甚至多次出来澄清，人们不必为第十三个星座蛇夫座而感到恐慌。

　　事实上，在确定现代星座标准的 1928 年国际天文学联合会上，蛇夫座就已经在天文学上被承认为黄道上的第十三个星座。不过，在星占学中，人们对此仍然持保留态度。因为这会造成巨大的混乱，不仅几千年来的星占学体系将

油画中的太阳神与婴儿时期的医神阿斯克勒庇俄斯。

遭受冲击甚至动摇，原本在天蝎座出生的人也会发现自己将无辜地变成了出生在蛇夫座的人。

在古希腊神话中，蛇夫座与巨蛇座缠绕在一起，蛇夫座仿佛是一个抓着蛇的男子。在传说中，他象征着医神阿斯克勒庇俄斯，有着让人起死回生的能力。谈到阿斯克勒庇俄斯的身世，让人有点伤感。当年，太阳神阿波罗与拉庇泰公主科洛尼斯相爱后，神鸟乌鸦给太阳神带来了一个小道消息，说科洛尼斯背着他和凡人相恋。

太阳神为此大发雷霆，将自己的爱人射死了。但是他发现科洛尼斯已经怀有身孕，肚子里的孩子还活着，于是他便将这个孩子交给了贤明的喀戎抚养和教育。喀戎将这个名叫阿斯克勒庇俄斯的孩子养育成人，还将自己所有的医术都教给了他，使他成了一名妙手回春的神医。

据说有一次阿斯克勒庇俄斯用杖杀死了一条蛇，然后他发现另一条蛇用嘴叼来一种药草放在死蛇身上，死蛇竟然神奇地复活了。于是，他将同样的药草

阿拉托斯《物象》中的蛇夫座，蛇夫座站在天蝎座之上。

阿拉伯著作中的蛇夫座。蛇夫座 α 距离地球约45光年，是一颗视星等为2等的恒星。在中国古代，它被称作"侯"星，而在阿拉伯语中，它的名字是"捕蛇者的首领"的意思。

用在了人类身上，达到了起死回生的效果。也有传说认为蛇夫座之所以在天空中抱着一条蛇是因为蛇每年都会蜕皮，似乎得到了重生。这也就成了治愈的象征。

阿斯克勒庇俄斯的成就让冥王哈迪斯十分畏惧，因为他意识到，如果再这么下去，那么进入冥界的灵魂将会很快枯竭。于是，他向兄弟宙斯抱怨。宙斯为了维护神族的权威，用雷锤杀死了阿斯克勒庇俄斯。太阳神阿波罗得知儿子的死讯后，心中十分悲痛。宙斯也为此懊悔不已，遂将他作为蛇夫座安置在群星之中。

在蛇夫座里还有一颗著名的巴纳德星，代表蛇夫的头部。它虽然只是一颗视星等仅为 10 等的红矮星，但距离地球只有约 5.9 光年，这也是仅次于南门二（半人马座 α）距离太阳系第二近的恒星。此外，它还是在视觉上全天跑得最快的恒星。

开普勒的《蛇夫座脚部的新星》。1604 年，一次新星爆发出现了在蛇夫座的下方。这也是到目前为止，最后一次在银河系中被肉眼观测到的新星，当时其星等为 −3 等。这颗星也被称为开普勒之星，因为开普勒在其著作《蛇夫座脚部的新星》（1606 年）中首次描绘了这颗新星。

第3章　英仙家族星座

英仙家族是一个包括 9 个星座的集团，这些星座囊括了英仙座、仙王座、仙后座、仙女座、飞马座、鲸鱼座、御夫座、三角座和蝎虎座。其中，有 6 个星座都与英仙座的原型人物古希腊神话中的英雄珀尔修斯有关。

在古希腊神话中，珀尔修斯与仙王座、仙后座以及仙女座一家人在天空中形成了一组王族星座，而鲸鱼座和飞马座也是这个故事中的重要配角。在古星图中，英仙座中的主要恒星构成了珀尔修斯的双腿和双臂。他的一只手高举着剑，另一只手提着蛇发女怪美杜莎的头。

这个形象源自一个传说，即智慧女神雅典娜曾安排珀尔修斯去杀死蛇发女怪美杜莎。据罗马诗人奥维德的《变形记》所述，美杜莎原本是雅典娜的侍女，她年轻貌美，有着一头美丽的秀发。后来，她由于与海神波塞冬私下幽会而受到雅典娜的惩罚，变成了头上缠满毒蛇的妖怪，而且她凶残的目光能让看她的人瞬间石化。

为了让珀尔修斯顺利完成这项任务，雅典娜给他准备了一个盾牌、一把赫菲斯托斯打造的宝剑、一双带翼的飞鞋，以及一顶能让他隐身的黑暗头盔。最终，珀尔修斯手持盾牌，借着青铜盾牌的反光，避开了美杜莎的目光，成功地将她的头砍下。接着，一匹飞马（飞马座）从美杜莎的颈中跳出来，珀尔修斯骑着这匹飞马安全地离开了险境。在回来的路上，珀尔修斯还利用美杜莎的头颅击败了正在袭扰埃塞俄比亚王国的海怪赛特斯（鲸鱼座），并救出了公主安德洛墨达（仙女座）。

最终，珀尔修斯将美杜莎的头颅献给了雅典娜，雅典娜将珀尔修斯升入天空中，成为英仙座。与此同时，公主的父母——国王克普斯和王后卡西欧佩亚也得以一同升入天空，分别成为了仙王座和仙后座。可以说，这一整片星空都被用来叙述英仙家族的神话故事。这一故事后来又成了另一个著名传说《乔治与龙》的故事原型。故事说的是，相传在一个王国的河流中出现了一条恶龙。恶龙含有剧毒，并且霸占着河流，不许任何人接近。附近的居民只好每日供奉牛羊，但恶龙依然贪心不足，要求人类供奉美丽的少女，就连国王的女儿也沦为了祭品。幸好骑士圣乔治路过，他靠着精湛的骑术制服了毒龙，还一方百姓以平安。

法尔内塞宫凉廊穹顶壁画中的珀尔修斯和美杜莎，图中的珀尔修斯正在割下美杜莎的头颅。

这幅画反映了西方传统的主题，那就是圣乔治与龙。骑士圣乔治拯救了快要被恶龙吃掉的公主。英俊勇敢的骑士、美丽可怜的公主以及作恶多端的恶龙，在这三者的强烈冲突氛围中，展现了骑士精神和宗教思想。拉斐尔将这幅画描绘得生动活泼，充满了理想之美。在画面中，跪在一旁祈祷的公主安静而虔诚，战胜恶龙的骑士和骏马则满怀激情，展现着胜利者的喜悦和姿态。

拉斐尔的画作《乔治与龙》。

英仙座：救美大英雄

英仙座位于仙后座和御夫座之间，它在金牛座的北边，也是最著名的北天星座之一。英仙座的形象是古希腊神话中的英雄珀尔修斯，在星图中他被描绘成手提美杜莎头颅的形象。英仙座中的大陵五（英仙座 β）是最著名的食变双星系统，也是天文学家发现的第一对食变双星。

食变双星是两颗靠近的双星，它们在轨道上互相绕转，从而周期性地相互遮蔽。因此，大陵五的视星等就能从 2.1 等降至 3.4 等，而这个过程持续大约 10 小时。大陵五的这种每 2.87 天"眨一次眼"的现象一直让古人困惑不解，所以在西方它又被称作"魔星"，对应着英仙座中美杜莎的眼睛。

在古希腊神话中，珀尔修斯是天神宙斯与阿戈斯公主达纳的儿子。阿戈斯国王阿克里修斯曾得到一则神谕，预言他将被自己的孙子杀死。于是，他将女儿达纳关在一个戒备森严的地牢里。但是，天神宙斯以一场金色的雨的方式接触到了达纳，使她受孕诞下了珀尔修斯。等到阿克里修斯发现后，他们母子被

拜耳《测天图》中的英仙座。

封进木箱后扔进了海里。达纳抓住自己的孩子向宙斯祈祷，希望能够获救。过了几天，这只箱子被奇迹般地冲上了岸，母子俩都幸免于难。

后来，为了帮助母亲摆脱波吕得克忒斯国王的纠缠，珀尔修斯接受了取回女妖美杜莎头颅的任务。珀尔修斯知道，若要取得成功，自己需要一些必要的装备。因此，在智慧女神雅典娜的指点下，他得到了一块明亮如镜的盾牌，它既可以用于防御，也可以用其镜面的反光来搜寻女妖，避免直视女妖而被石化的危险。此外，他还装备了一把锋利的剑和一双举世无双的飞鞋。珀尔修斯最终完成了任务，在杀死美杜莎之后，割下她的头颅。在回来的路上，他又救出了公主安德洛墨达。最后，珀尔修斯与安德洛墨达一家人都被升入了天空，成为了英仙家族的一系列星座。

阿拉托斯《物象》中的英仙座。图中珀尔修斯脚踏飞鞋，手持宝剑和美杜莎的头颅。

阿拉伯文献中的英仙座。天船三（英仙座 α）是英仙座中最亮的恒星，它距离地球 590 光年，视星等为 1.8 等。这颗星位于英仙座的中心，在阿拉伯语中它的名字是"肘"的意思。

法尔内塞宫壁画中的英仙座。

　　1901 年，在英仙座中爆发了一颗新星。在短短的几天内，它成了全天最亮的星之一，随后这颗星渐渐暗淡了下去。此外，每年 7 月至 8 月，在英仙座 γ 附近会出现以此为辐射点的英仙座流星雨。英仙座流星雨于 8 月 13 日达到高峰，它与双子座流星雨和象限仪座流星雨一起被称为北半球三大流星雨。英仙座流星雨流星的数量多，而且相对稳定，几乎没有在夏季星空中缺席过，所以比较容易观测到。

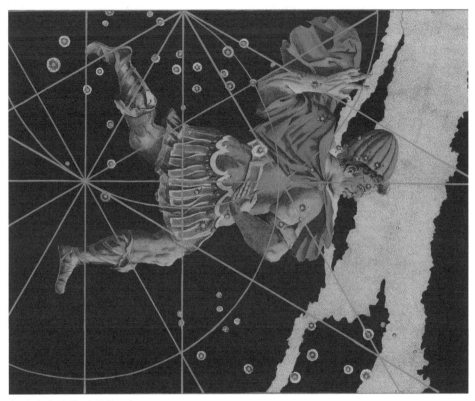

拜耳《测天图》中的仙王座。

仙王座：伊索比亚王

仙王座位于仙后座和蝎虎座之间，虽然一年四季都可见，但并非特别显眼，一般只在秋夜较为引人注目。仙王座的一部分沉浸在银河中，它的主要恒星构成一个细长而歪斜的五边形，看起来就像孩子们画的尖顶房子。

在古希腊神话中，仙王座代表埃塞俄比亚国王克普斯，他也是仙女座原型安德洛墨达的父亲，以及仙后座原型卡西欧佩娅的丈夫。不过，这里的埃塞俄比亚并非今天非洲的埃塞俄比亚，而是从地中海东南海岸延伸到红海的一片区域，包含了今天的巴勒斯坦、以色列、约旦和埃及的部分地区。由于珀尔修斯的巨大影响力，仙王座、仙后座、仙女座和鲸鱼座等得以与英仙座一起成为天上重要的王族星座。

阿拉托斯《物象》中的仙王座。据托勒密所述，仙王座披着长袍，戴着波斯国王的头饰和王冠。

阿拉伯文献中的仙王座。仙王座中的星都不太明亮，最亮的是天钩五（仙王座 α），这颗星的名字在阿拉伯语中是"右臂"的意思，因为它位于国王的右臂上。

　　仙王座中最特殊的天体莫过于两颗著名的变星。其中，在国王的鼻子处有一颗名为造父一（仙王座 δ）的变星，这也是首颗被发现的以"造父变星"命名的脉动变星。1784 年，英国业余天文学家古德里克（1764 — 1786）注意到，这颗星的亮度正以 5 天 9 小时为周期，在大约 3.6 等至 4.3 等之间变化。后来，人们经研究发现造成这类变星光变的原因是整个星体在脉动。也就是说，随着星体来回收缩，它们的半径时大时小，不停地变化着，仿佛它们也在喘气一般。天文学家通过造父变星的亮度随时间变化的特性，可以推算出它们的光变曲线，以此来研究恒星的距离。目前，已经发现了很多这样的造父变星，它们如同宇宙中的灯塔一样。人们一旦知道了它们的光度，就可以推算出它们的距离。

　　古德里克是一个很不平凡的人，他自幼聋哑，年仅 22 岁便英年早逝。1782 年 11 月 12 日夜晚，他观测到大陵五（英仙座 β）的亮度下降到只有正常亮度的三分之一，然后又恢复了亮度。因此，他认为这是由有一颗暗得看不见的星围绕着大陵五周期性地遮掩造成的。后来，天文学家们将这类星称作变星或食变星。

古德里克画像。

　　仙王座里还有一块像象鼻子一样的暗星云，叫作象鼻星云。它是由星云气体和尘埃云所组成的，也是新恒星的诞生区域。这块狭长地带长达 20 光年以上。

仙王座中的象鼻星云。

仙后座：虚荣的王后

仙后座位于英仙座与仙王座之间，也位于银河内。它的 5 颗亮星组成了"W"状，在秋天的夜晚很容易辨认。仙后座中央的星开口朝向北极星，这也是寻找北极星的重要方法之一。

在古希腊神话中，仙后座的原型卡西欧佩亚是仙王座的原型克普斯的妻子。卡西欧佩亚王后与女儿安德洛墨达都美丽非凡，这位虚荣的王后时常在众人面前炫耀自己女儿的美，甚至认为她超过了爱琴海女神。作为对卡西欧佩亚虚荣心的惩罚，海神波塞冬派出一只海怪去袭击她的王国。海怪将海水掀起怒潮，使她的国家泛滥成灾。为了免受海怪的侵扰，克普斯和卡西欧佩亚不得不将安德洛墨达公主绑在礁石上作为祭品。幸好经过这里的英雄珀尔修斯及时救起了安德洛墨达。这段神话故事中的所有人物后来都随着珀尔修斯一起被升入了天空中。

拜耳《测天图》中的仙后座。

在古星图中，仙后座被描绘成坐在她的宝座上绕着天极旋转，时而竖直，时而倒挂。神话学家们认为："她的脸痛苦地扭曲着，她伸出双手，好像在哀叹她那被遗弃的女儿，不得不为自己的罪行赎罪。"而在后来的星图中，仙后座逐渐被描绘成一只手拿着棕榈叶、另一只手摆弄着头发的形象。

仙后座中最亮的5颗星排列成独特的"W"形，阿拉托

阿拉伯文献中的仙后座。

斯将其比作一把钥匙或一扇折叠门。在阿拉伯语中，仙后座 α 是"乳房"的意思；仙后座 β 是"染色的手"的意思。阿拉伯人认为，仙后座 β 代表王后手上文着的指甲花。

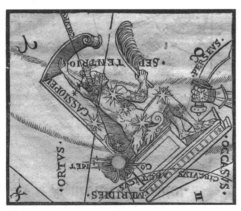

德国版画中的第谷超新星。1572 年，一颗超新星出现在仙后座的尽头，现在这颗超新星被称作第谷超新星，因为丹麦天文学家第谷·布拉赫最早对其进行了系统的观测。第二年，第谷发表了《论新星》一文，详述了它的位置等信息。

1680 年爆发的超新星遗迹。该图是由许多不同的观测数据合成的图像，红色部分源自斯皮策太空望远镜的红外数据，黄色部分源自哈勃太空望远镜的可见光数据，蓝色和绿色部分则源自钱德拉 X 射线卫星的数据。

仙后座中有两处超新星爆发的遗迹：其中之一是 1572 年发现的第谷超新星；另一颗是在一个世纪后发现的，但当时没人注意到。事实上，超新星是一颗大质量恒星在生命终结时发生爆炸的产物。1572 年的超新星在最亮的时候几乎与天空中最亮的星——金星相当，当时在一年多的时间里，它都是肉眼可见的。1603 年，拜耳在其《测天图》中将这颗超新星放在仙后座中的显著位置，虽然在那时它已经从天空中消失了很久。

仙女座：忧愁的公主

　　仙女座位于英仙座与飞马座之间，是秋天的夜晚比较耀眼的大星座，也是一个非常有名的星座。在古希腊神话中，仙女座的原型是美丽的公主安德洛墨达，她是仙王克普斯和仙后卡西欧佩亚的女儿。她与英仙座的原型珀尔修斯的故事

拜耳《测天图》中的仙女座。

也是最脍炙人口的古希腊神话传说。

在古星图中，仙女座通常被锁在一块岩石上。在《变形记》中，罗马诗人奥维德描述道，珀尔修斯第一次看到她时，几乎将她当成了大理石雕像。只有当风摇动她那丝柔的头发，以及她的脸颊上滴下湿润的泪水时，人们才能察觉到她是个活人。仙女座安德洛墨达奉神之命，为她那虚荣的母亲赎罪。她只能默默地待在那里，不断地为自己的命运哀伤。当珀尔修斯问起她的身世时，她想用手遮住自己羞涩的脸庞，然而她的双手被铁链紧锁着。在珀尔修斯的追问下，悲伤的泪水从她的眼眶里涌出，于是她向这位少年英雄道出了自己的不幸。

壁画中的安德洛墨达和珀尔修斯，珀尔修斯的手中提着美杜莎的头颅。

珀尔修斯想为安德洛墨达解开镣铐，但是这时海怪发出可怕的咆哮声，并且游到了他们身边。珀尔修斯同海怪展开了激战，并用女妖美杜莎的头颅将海

仙女座中的旋涡星系 M31。

怪变成了海边的岩石，从而拯救了公主。后来，安德洛墨达公主嫁给了珀尔修斯。

仙女座中有离银河系最近的大型旋涡星系 M31，它位于仙女座的右臂部位，距离我们 250 万光年，也是肉眼可见的最远的天体。M31 正在不断地靠近我们的银河系，数十亿年之后，它将与银河系碰撞，合并成一个超级大星系。M31 的发现要归功于阿拉伯天文学家苏菲（903 — 986），他在《恒星之书》（约公元 964 年）中首次提到了它。

阿拉伯文献中的仙女座。

飞马座：天马空中行

飞马座位于仙女座与宝瓶座之间，位于双鱼座的北边。"飞马座大四边形"是秋季夜空中北天较为耀眼的星群之一，包括飞马座 α、β、γ 以及仙女座 α。

拜耳《测天图》中的飞马座。

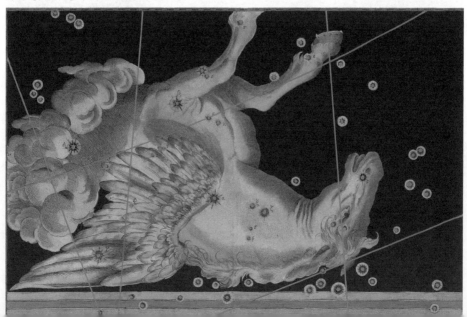

尽管飞马座的形象只露出了马的头部和前半身，但它仍然是天空中的第七大星座。

在古希腊神话中，飞马座的原型珀伽索斯是一匹长着翅膀的马，也是著名的马神。相传海王波塞冬爱上了美少女美杜莎，并和她在女神雅典娜的神庙附近幽会。雅典娜认为她的神庙被亵渎，于是将美杜莎变成了面目可怖的蛇发女妖，任何人只要看她一眼，就会立刻变成僵硬的石头。

在大英雄珀尔修斯杀死蛇发女妖美杜莎的时候，这匹名为珀伽索斯的飞马从美杜莎的颈中窜了出来，因此它也被认为是美杜莎和波塞冬的后代。后来，飞马珀伽索斯便成为古希腊英雄柏勒洛丰的坐骑。不过，也有人认为飞马是珀尔修斯的坐骑。传说珀尔修斯骑着这匹飞马救出了公主安德洛墨达，所以它随珀尔修斯一家人升入了天空中成为飞马座。

法尔内塞宫凉廊穹顶壁画中的飞马座。

油画中的赫尔墨斯与飞马。飞马座的原型珀伽索斯是一匹长有双翼的俊美白马，它曾是女神缪斯的爱宠，也曾经帮助英雄柏勒洛丰除去可怕的喷火怪兽。此外，它还是艺术和才华的象征。

鲸鱼座：海怪赛特斯

鲸鱼座位于白羊座和双鱼座的南边，它是一个巨大却不显著的赤道带星座，其面积在全天星座中排在第四位。鲸鱼座包含了著名的红巨星米拉变星（鲸鱼座 o），还有奇特的 M77 星系。其中，米拉变星的中文名为刍藁增二，这是一颗长周期不规则变星，它的亮度可以从 2 等变到 10 等，光变周期为几个月至几年。在拉丁文中，它被喻为"神奇的星"。

由于米拉变星的亮度变化很大，有时肉眼很容易看到，但大多数时候它非常微弱，需要用望远镜才能观测到。1596 年，荷兰天文学家戴维·法布里修斯首次记录到这颗恒星。但直到 1638 年，人们才认识到它的这种周期性变化。1662 年，波兰天文学赫维留最终将其命名为米拉，这也是当时唯一已知的变星。

拜耳《测天图》中的鲸鱼座。

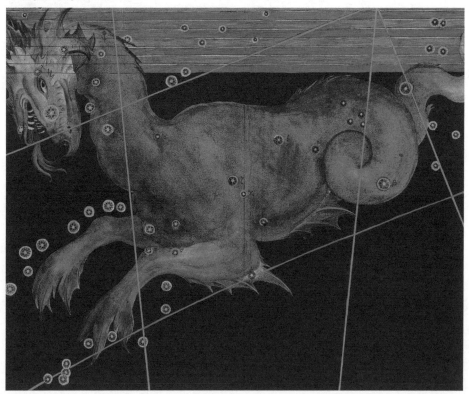

在古希腊神话中，鲸鱼座象征着海神波塞冬派遣的一只巨大的鲸鱼怪，名为赛特斯。但是古希腊人将其想象成一种混合生物，它有巨大的下颚和陆生动物的前脚，还有像海蛇一样的尾巴。因此，在古星图中，赛特斯的样貌也特别滑稽，尽管人们称它为鲸鱼（因为海洋中最大的生物莫过于鲸鱼），但实际上它根本不像鲸鱼。海怪赛特斯袭击了古国埃塞俄比亚，在它将要吞食安德洛墨达（仙女座）的时候，被英雄珀尔修斯（英仙座）杀死。后来，它随着英仙座一起被升入空中成为鲸鱼座。

古希腊红彩陶器上的鲸鱼座（约公元前 480 — 前 470）。

御夫座：鲁莽的车夫

御夫座位于双子座和英仙座之间，在猎户座的北面，它是北天的重要星座之一。这个星座有一半沉在银河中，其中最亮的星是五车二（御夫座 α）。这颗星呈黄色，是全天排名第六的亮星。古时候的人们认为御夫座是四轮战车。在初冬之夜，每当猎户座升起时，在东北方就能看到一个巨大的由 5 颗亮星组成的五边形，这就是御夫座。

在星图中，御夫座通常是左手握住战车缰绳和皮鞭、右肩上伏着一只山羊、右手托着两只小羔羊的形象。关于它的原型，实际上有许多种解释。在美索不达米亚神话中，御夫座是一个御夫的化身，他抚养着一只母山羊。在古希腊神话中，这只母山羊曾喂养过天神宙斯，因此得以与御夫一同升空。

关于御夫座的最流行的解释是，它的原型是火神赫菲斯托斯之子埃里克托纽斯，后来成为一位传奇的雅典国王。他自幼由女神雅典娜抚养长大，他从她

拜耳《测天图》中的御夫座。

的身上学到了许多技艺，包括如何驯服马匹。同时，他还模仿太阳神驾驶马车，成为驾驶四匹马牵引的战车的第一人。于是，他赢得了宙斯的钦佩，在星空中占有一席之地，成为了御夫座。

另外还有一种说法，御夫座是大洋仙女克吕墨涅与太阳神赫利俄斯所生的儿子，名为法厄同。法厄同曾希望尝试驾驶父亲的太阳车，但太阳车并非一般马车，一般人很难驾驶。法厄同的请求让赫利俄斯很为难，尽管他的儿子很勇敢，但是驾驶太阳车是一件很危险的事。

终于，法厄同驾着由四匹骏马拉着的金色太阳车飞驰而过，这位自信满满的少年欢呼着驶向庄严的天空。但不是所有的人都能驾驶太阳车，加上天穹一直在旋转，驾驶者很容易偏离轨道。当法厄同驶入天空的穹顶时，他已经无法控制狂奔的马匹，太阳车也渐渐偏离轨道横冲直撞。诸神纷纷祈求宙斯出手相助，于是宙斯不得不将其击落以结束这场灾难，而法厄同也不慎坠入波河殒命。

阿拉托斯《物象》中的御夫座。五车二是御夫座中的一颗亮星，它被认为是母山羊的化身，而它旁边的两颗小星则被认为是母山羊的两只小羊羔。

法尔内塞宫凉廊穹顶壁画中的御夫座。

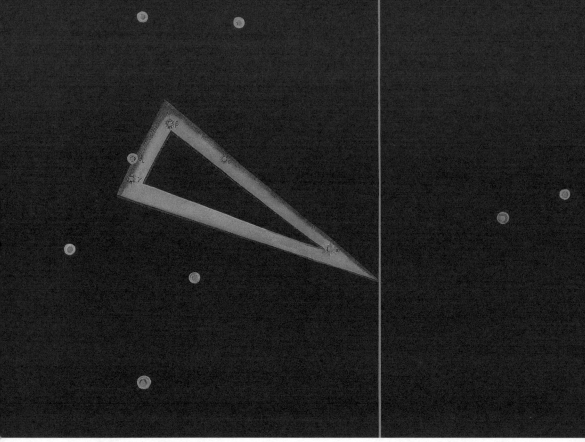

拜耳《测天图》中的三角座。

三角座：北天三角形

　　三角座位于仙女座和白羊座之间，是北天的一个小星座，因其最亮的三颗恒星组成了几乎等腰的三角形而得名。在古希腊时期，阿拉托斯认为它的形状类似于一个三角形（△），而埃拉托色尼则认为它代表尼罗河三角洲。不过哈吉努斯说，有些人还将它看作意大利南部的西西里岛。西西里岛曾是农业女神德墨忒耳的住所，她的女儿珀耳塞福涅就是从这里被冥王哈迪斯掳走的。

　　三角座 α 是一颗视星等为 3.4 等的恒星，在阿拉伯语里它的意思就是"三角形"。不过，三角座中最亮的恒星实际上是三角座 β，它的视星等为 3.0 等，但是它并没有专有名称。

　　三角座中还包含 M33 星系，又称风车星系。这个星系距离地球大约 270 万光年，它的直径大约为仙女星系的三分之一，与仙女星系和银河系组成了本

哈勃太空望远镜拍摄的 M33 星系。M33 的外观呈现为一个满月大小的暗淡光斑。在太空望远镜拍摄的照片中，还能看到它的旋臂中淡粉色的气体云。

星系群中的大三角。根据研究，M33 中至少有 112 颗变星，其中包括 4 颗新星和约 25 颗造父变星，还有一个强 X 射线源。

2009 年 9 月，发表在英国《自然》杂志上的一项研究表明，仙女星系在不断地扩张，正吞噬着邻近的三角星系。有朝一日，三角座最终会被它的邻居仙女座合并。

法尔内塞宫凉廊穹顶壁画中的三角座。

蝎虎座：天上的蜥蜴

蝎虎座位于仙王座、仙后座和天鹅座之间，是一个不太引人注目的星座。该星座由波兰天文学家赫维留创立，用于填补北天夜空中的这片空白区域。星座的图案被想象成生活在岩石之间的蜥蜴，尽管在一些星图中，它有时更像一只水獭。据说，在他的家乡波兰的格但斯克很少见到蜥蜴。

在赫维留之后，英国天文学家约翰·弗拉姆斯蒂德将蝎虎座向北延伸，把仙王座头巾部分的一些恒星纳入其中。后来的星图绘制者通常将这三颗恒星描绘成放大了的蜥蜴头部。

蝎虎座中恒星的排列呈锯齿状，最亮的星是腾蛇一（蝎虎座 α），其视星等为 3.8 等，距离地球 81 光年。蝎虎座中的第二亮星是蝎虎座 1，视星等为 4.1 等。它是一颗超巨星，直径是太阳直径的 19 倍，光度为太阳的 50 倍，距离地球 175 光年。该星座中有蝎虎座 BL 型天体，属于一种全新的特殊星系。这类星系具有一个明亮且活跃的星系核，星系中心的黑洞会不断吞噬恒星和星际物质，并且向两个方向发出剧烈的喷流，使得它看起来就像一颗恒星。

《赫维留星图》中的蝎虎座。

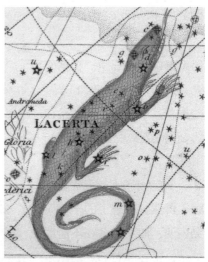

亚历山大·贾米森星图中的蝎虎座。蝎虎座位于银河的北段，它的主要恒星都集中在这只爬行动物的头部位置。

第4章 武仙家族星座

武仙家族是一个包括 18 个星座的集团，这些星座囊括了武仙座、天箭座、天鹰座、天琴座、天鹅座、长蛇座、巨爵座、乌鸦座、巨蛇座、半人马座、豺狼座、南冕座、天坛座、狐狸座、六分仪座、盾牌座、南三角座和南十字座。这个星座家族的规模很大，其天区范围跨越了从北纬 60°至南纬 70°的广大区域，其中以武仙座作为这个家族的核心。

武仙座的原型人物是赫拉克勒斯，他是古希腊神话中的一个大英雄，也是人类中最伟大的半神。据说，他在某些方面的能力与众神不相上下。毫不夸张地说，在希腊的英雄人物中，如果赫拉克勒斯自称第二的话，就没人敢自称第一。

由于赫拉克勒斯是天神宙斯和阿尔克墨涅的私生子，天后赫拉一直对此非常恼怒。更为糟糕的是，宙斯还曾将是个婴儿的赫拉克勒斯放在赫拉的胸前，让他在赫拉睡觉时吮吸她的乳汁。尽管这样做使赫拉克勒斯在力量和武器运用技能方面都超越了常人，成为了名副其实的大力神，但是这一举动也让赫拉对赫拉克勒斯更加反感。因此，赫拉发誓要惩罚赫拉克勒斯，这也导致了他在成年后不幸受到邪恶咒语的蛊惑，误杀了自己的孩子。此外，赫拉克勒斯的命运似乎与整个宇宙息息相关。根据古希腊神话的记载，他在婴儿时期吸吮赫拉的乳汁时用力过猛，使乳汁溅出，于是形成了银河。

赫拉克勒斯在神智恢复后非常懊悔，希望能为他那可怕的行为赎罪。神谕安排他侍奉迈锡尼国王尤利修斯 12 年，并且完成十二项不可能完成的任务。这些任务包括：铲除涅墨亚食人狮，杀死九头蛇许德拉，生擒克律涅亚山的金角牡鹿，活捉埃里曼托斯山的野猪，清洁奥革阿斯积粪如山的牛圈，驱逐斯廷法罗湖的怪鸟，驯服克里特岛发疯的公牛，将狄俄墨得斯王的食人牝马带回迈锡尼，夺取阿玛宗女王的腰带，活捉革律翁的群牛，摘取赫斯珀里得斯的金苹果，制服并带回地狱犬刻耳柏洛斯。

上述这些任务中的几乎每一项都难以完成。不过，在历经艰难险阻之后，赫拉克勒斯还是成功地完成了所有的任务，并且在执行这些任务的过程中，他以战胜各种怪物而闻名。我们熟悉的黄道十二星座中的狮子座和巨蟹座以及天龙座、长蛇座等形象都来自曾经被赫拉克勒斯制服的怪兽，可见其影响之深远。武仙家族中的各个星座在武仙座周围形成了庞大的星座群体。

赫拉克勒斯与和九头蛇（长蛇座）。

武仙座：倒立的巨人

武仙座位于天琴座、牧夫座和北冕座之间，是北天夏夜星空中的一个大星座。虽然武仙座的天区范围大，但它的恒星非常分散，这个星座里没有太多的亮星。在古希腊神话中，武仙座象征着大英雄赫拉克勒斯，他作为宙斯的儿子，英勇善良，在一生中取得了许多卓著的功绩，并且完成了12项艰巨的任务，最终升入天界成为武仙座。

在古星图中，武仙座的躯体倒挂在天球上，他的头部位于南方，足部位于北方，而且右膝着地，左脚踩在天龙座的头上。从整个星座来看，赫拉克勒斯的头部为一颗三等星，它的上方是由4颗三等星和两颗四等星连成的躯体，再往上则是分开的一双脚。

武仙座的起源非常古老，以至于它最初的真实身份在古希腊时期都是鲜为人知的。从字面上看，它在希腊语中的意思是"跪着的人"。古希腊诗人阿拉托斯曾形容他非常疲惫地高举着双手，然后单膝弯曲，一只脚踩在天龙座德拉科的头上。但谁也不知道这个人物的真名，或者他到底在做什么。

后来，埃拉托色尼认为，这个人物就是大力神赫拉克勒斯。关于为什么赫拉克勒斯是跪着的形象，古希腊作家哈吉努斯提出了另一种解释，他认为赫拉克勒斯在一次战斗中受伤，因此他精疲力竭地跪在地上。

当然，古希腊人在后来考虑将武仙座分配给赫拉克勒斯时还有另外一个考虑，那就是有时人们还认为赫拉克勒斯与他的兄弟阿波罗一同化身成了双子座的双胞胎形象。也就是说，在此之前，天空中实际上已经有了一个赫拉克勒斯的形象。

可以看出，武仙座形象的转变经历了一个漫长而复杂的过程，就像赫拉克勒斯的传奇故事一样精彩。在有些星图中，赫拉克勒斯身着狮皮，挥舞棍棒，象征着他消灭涅墨亚食人狮（狮子座）。在另外一些星图中，赫拉克勒斯手握苹果枝或者外形像三头蛇的地狱犬，这些都反映了赫

法尔内塞宫凉廊穹顶壁画中的赫拉克勒斯与涅墨亚食人狮。

拜耳《测天图》中的武仙座。

拉克勒斯偷金苹果的传说，也反映了他战胜地狱犬刻耳柏洛斯的故事。

武仙座中最著名的天体是球状星团 M13，它也是北天中最为突出的球状星团，又称武仙座大星团。这个星团拥有大约 50 万颗恒星，有些星群仿佛有许多触角，似乎要从星团的中心逃逸出去。这些星群聚集在直径为 35 光年的范围中，整体看上去相当于四等星的亮度。

1934 年，人们在这里曾观测到一次超新星爆发，它的亮度一度达到 1 等左右。1974 年，位于波多黎各的美国阿雷西博天文台射电望远镜对 M13 发出了一封被称为"地球名片"的星际电报。根据电波有限的速度，即便我们能够得到回复的话，至少还需要再等上 5 万年。

武仙座中的球状星团 M13。

天箭座：大力神之箭

　　天箭座位于狐狸座以南、天鹰座以北的银河之中，是一个相对暗淡且很容易被人忽略的星座。天箭座也是全天面积排名第三小的星座，它的主体由 4 颗主要的恒星组成，形成了一个细长的"Y"形结构，犹如一支在天空中飞行的箭。

　　至于到底是谁射出了这支箭，出现过多个不同的神话故事。一些人认为，这是太阳神阿波罗用来杀死独眼巨人的箭。另一些人则认为，这是赫拉克勒斯用来射杀天鹰的箭，以避免普罗米修斯被鹰啄食肝脏，从而结束这种无尽的折磨。普罗米修斯因盗取天火到人间造福人类而受人们的尊敬，但他受到天神宙斯不

拜耳《测天图》中的天箭座。

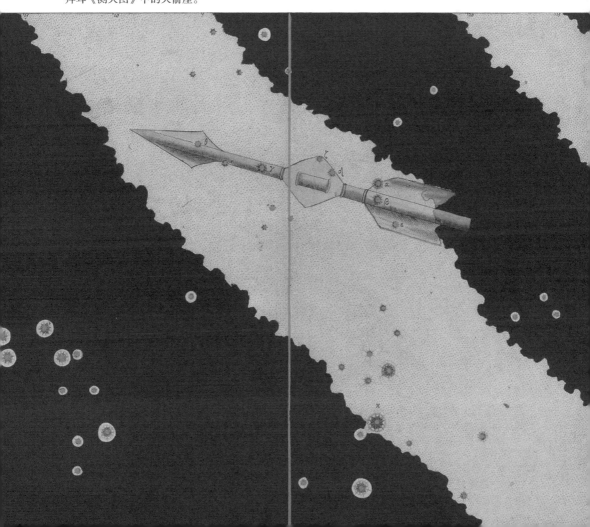

公正的惩罚，被囚锁在了高
加索山的峭壁上。有一次，
赫拉克勒斯路过这里，看到
普罗米修斯被天鹰折磨的情
景，于是决心解救他。他弯
弓搭箭射死天鹰，从而彻底

阿拉伯文献中的天箭座。在阿拉伯语中，天箭座 α 的名称是
"箭"的意思，不过它只是一颗视星等为 4.4 等的恒星，天
箭座中最亮的恒星则是视星等为 3.5 等的天箭座 γ。

解救了普罗米修斯。后来，为了褒奖赫拉克勒斯的这一功绩，众神将箭和天鹰
一同升入天空中，它们分别成为了天箭座和天鹰座。

　　还有一种传说，这支箭是爱神丘比特之箭。丘比特是战神与美神之子，长
着一对可爱的翅膀，手中握有弓箭。据说丘比特的箭有金箭和铅箭两种，金箭
是爱情之箭，铅箭则是抗拒之箭。一旦被他的金箭射中，人们便会产生爱情，
开始恋爱；被他的铅箭射中时，人们便会拒绝和厌恶爱情，情侣也会反目。

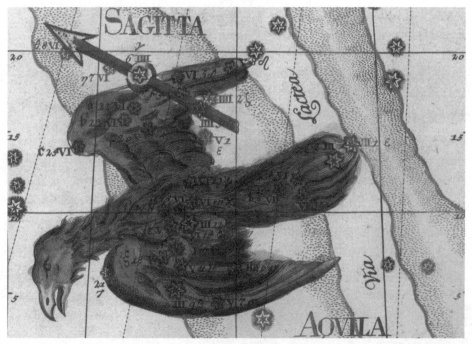

托马斯星图中的天箭座与天鹰座。科里奥兰纳斯·托马斯（1694 — 1767）是萨尔茨堡大学的一位
数学和神学教授，1730 年他在法兰克福出版了他的星图集。

天鹰座：天神的使者

天鹰座位于天鹅座的南边，盾牌座和人马座的北边。它不仅沉浸在银河之中，而且横跨天赤道的两侧。在古希腊神话中，天鹰座的形象是一只在空中翱翔的雄鹰，这只鹰被认为是天神宙斯的使者。

关于这只鹰的来历，有着几种截然不同的解释。第一种认为，很久以前普罗米修斯为了帮助卑微的人类从天界盗取火种而被天神宙斯迁怒。后来，普罗米修斯被囚锁在高加索山的峭壁上，在这里他遭受了种种折磨。他要面临寒风的侵袭和烈日的暴晒，宙斯还派遣了一只老鹰每天去啄食他的肝脏，让他终日痛苦不堪。后来，大英雄赫拉克勒斯来到这片蛮荒之地，搭箭射死了这只鹰，从而拯救了普罗米修斯。这只被射死的鹰由于是宙斯的圣宠，于是被置于夜空之中，成为了天鹰座。

拜耳《测天图》中的天鹰座。

另一种说法是，特洛斯国王的儿子伽倪墨得斯非常英俊潇洒，他被天神宙斯选到天界作为侍酒者，以代替已经出嫁的公主赫柏，为众神斟酒。为此，宙斯派遣天鹰作为使者，将这位少年驮至天界。

法尔内塞宫凉廊穹顶壁画中的天鹰座，画中描绘的是天鹰与伽倪墨得斯。

天鹰座中的牛郎星（天鹰座 α）的视星等为 0.8 等，它距我们大约 17 光年。牛郎星是天鹰座中最亮的星，也是全天排名第十二的亮星。它与天鹅座中的天津四和天琴座中的织女星共同构成了北天著名的"夏季大三角"。在阿拉伯语中，这颗星的名称的意思是"飞翔的鹰"。

阿拉伯文献中的天鹰座。

在中国古代官方星官体系中，牛郎星的正式名称为河鼓二，本义是指军鼓，用于指挥部队行军作战，而牛郎星只是它在民间的俗称。在这幅明代官方星图中，下方绘有织女星，然而在"天汉"（银河）的对面并没有牛郎星。牛郎星在星图中的正式名称是上方的河鼓。它的两侧各有一颗暗星，在民间它们被认为是牛郎挑着的两个孩子，人们也叫它们扁担星。

"夏季大三角"。

陕西靖边县东汉墓壁画中的牛郎星和织女星，图中绘有做牵牛状的牛郎和做织布状的织女。

明代《南北两总星图》中的牛郎星和织女星。

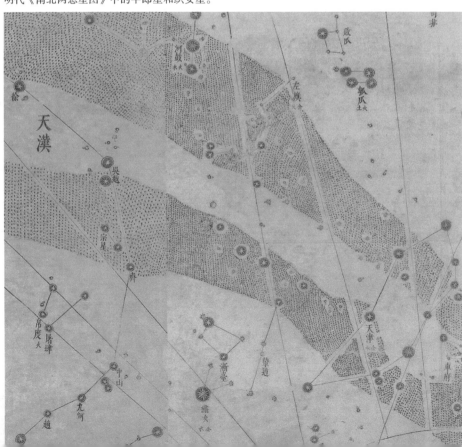

天琴座：夜空七弦琴

天琴座位于天龙座、武仙座与天鹅座之间，虽然它的面积不大，但它是夏季星空中最明亮的星座之一。天琴座中最亮的星是天琴座 α，也就是著名的织女星，它是全天排名第五的亮星。

在古星图中，天琴座经常被视作秃鹫和竖琴的形象。在古希腊神话中，天琴座代表音乐家俄耳甫斯弹奏的竖琴。在阿拉伯语中，天琴座中的织女星也是"秃鹫"的意思。因此，这个星座经常被描绘成一只展开了双翼的鹰附着于竖琴之上。

在古希腊神话中，天琴座中的竖琴曾是有史以来的第一把竖琴。这把琴由宙斯的儿子赫尔墨斯发明，后来传入太阳神阿波罗的手中。传说俄尔甫斯是一个天才琴手，他是阿波罗和缪斯仙女卡利俄珀所生的儿子，而阿波罗曾将这把竖琴送给他。有一次，年轻时的赫耳墨斯偷了太阳神阿波罗的一些牲畜。为此，阿波罗怒气冲冲地前来讨要牲畜，但当他听到美妙的竖琴声时，就让赫耳墨斯用竖琴换他的牲畜。后来阿波罗将竖琴送给了俄耳甫斯，俄耳甫斯由此成为那个时代最伟大的音乐家。

拜耳《测天图》中的天琴座。

可以说，音乐的魅力在俄耳甫斯身上表现得淋漓尽致，每当他奏起竖琴，草木禽兽都为之动情。那些脾气暴躁的人听了他的音乐后，也会立刻平静下来。俄耳甫斯和妻子欧律狄克曾是一对很恩爱的夫妻，然而他的妻子不幸被毒蛇咬伤，不治而亡。俄耳甫斯痛不欲生，背着自己的琴一路弹唱走到冥界，抒发爱情的美好以及如今难以抑制的悲伤。冥王见其爱妻深切，怜悯之情油然而生，破例允许他领着妻子的魂魄返回人间。不过，冥王也告诫他，在离开冥界的路上千万不可回头，否则他的妻子将永远无法再回到人间。

法尔内塞宫凉廊穹顶壁画中的俄耳甫斯和天琴座。

但是，正当他们即将走出冥界的时候，俄尔甫斯无法控制自己的情感，忍不住回头看了一眼妻子的容颜。就在那一瞬间，他的妻子如梦幻般地永远消失了。再次失去妻子的俄尔甫斯悔恨不已，于是悲伤过度而死去。后来，天神宙斯同情他们的遭遇，将他的竖琴升到空中，成为了天琴座。

油画中的俄耳甫斯与欧律狄克。

天鹅座：北天大十字

天鹅座位于天鹰座和飞马座之间，是一个非常醒目的北天星座。在整个夏天，天鹅座沉浸在白茫茫的银河之中。这个星座中最亮的星天津四（天鹅座 α）与银河两边的牛郎星（天鹰座 α）、织女星（天琴座 α）形成了著名的"夏季大三角"。天鹅座中 5 颗主要的恒星排列成了耀眼的"北天十字"，人们很习惯地将其想象为一只美丽的天鹅。天鹅头部所对应的恒星是辇道增七（天鹅座 β），尾部是天津四。

在古希腊神话中，传说斯巴达王后勒达在游玩时，忽然飞来一只美丽的天鹅。这只天鹅的羽毛洁白如雪，勒达见天鹅很亲近地走过来，便温柔地抚摸了它。然而，勒达并不知道这只天鹅是天神宙斯的化身。宙斯由于迷恋上勒达，就变

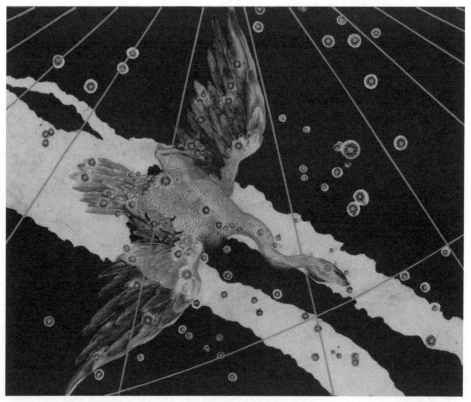

拜耳《测天图》中的天鹅座。

油画中的勒达与天鹅。

成了天鹅试图去接近她。后来，勒达怀孕后产下了两枚天鹅蛋，天鹅蛋中孵出了两对双胞胎。他们分别是后来化身为双子座的波吕克斯和卡斯托耳，以及举世闻名的美女海伦和阿伽门农王之妻克吕泰涅斯特拉。宙斯为了纪念他的这次爱情之旅，便将展翅翱翔的天鹅形象升入空中，成为天鹅座。

　　在天文学上，银河朦胧的光带刚好从天鹅座中穿过。这里有一条黑暗的尘埃带，将银河分为了两支，所以这条尘埃带也被称作"天鹅座暗隙"。

　　天鹅座的俗称北十字，它比著名的南十字大得多，而且天鹅仿佛沿着银河飞行，也更加壮观。天鹅座尾部的天津四在阿拉伯语中的意思是"尾巴"。天津四是一颗蓝白色的超巨星，距离地球大约 1400 光年，视星等为 1.3 等，也是目前已知距离地球最远的一等星。

天鹅座中的北美洲星云 NGC 7000，该星云形似北美洲大陆，由此而得名。

长蛇座：九头蛇许德拉

　　长蛇座是全天最长的星座，也是面积最大的星座。如果从位于巨蟹座南部的长蛇座头部算起，一直到位于天秤座和半人马座之间的长蛇座尾尖为止，它的总长度达到了102°。也就是说，它几乎横跨了四分之一以上的天际。不过，虽然长蛇座的面积很大，但它似乎不太引人注目。除了组成长蛇座头部的6颗星相对比较明亮外，其余的星都比较暗淡。

　　在古希腊神话中，长蛇座有两种不同的解释。第一种解释是，它代表九头蛇许德拉，虽然在星图中，它通常被描绘成只有一个头。许德拉的身躯庞大无比，每个头都可以喷射毒液。在大力神赫拉克勒斯杀死涅墨亚食人狮之后，他的第二项历劫任务就是奉命去消灭九头蛇。然而，九头蛇具有特异功能，当一个头

拜耳《测天图》中的长蛇座。

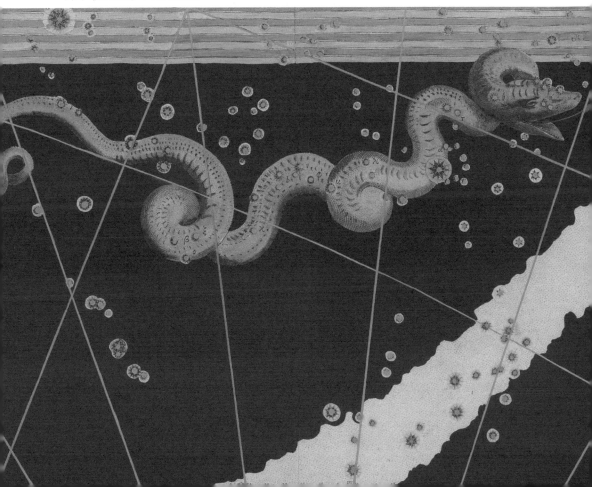

被砍掉后，立即会长出新的头。最后，赫拉克勒斯采用火攻的方式，巧妙地烧死了这些刚长出来的蛇头，将九头蛇许德拉彻底消灭。为了纪念赫拉克勒斯的功绩，天神宙斯将这条九头蛇升到天空中，成为长蛇座。

根据古希腊神话，当赫拉克勒斯与九头蛇搏斗时，九头蛇缠住了他的一条腿，这时一只巨大的螃蟹袭击了他的一只脚。但是赫拉克勒斯踩在螃蟹上，用力将它碾碎。这只螃蟹就是巨蟹座的原型。

另一种传说认为，长蛇座与趴在它背上的乌鸦座和巨爵座有关。在这个故事中，阿波罗派一只乌鸦去打水，让它拿一只杯子（即巨爵座）去接水。但是，乌鸦偷懒，它在树上悠闲地吃着无花果。乌鸦返回后便谎称长蛇的阻挠耽误了自己去取水。阿波罗知道乌鸦在撒谎，于是决定惩罚它，并将它放在天空中以儆效尤，成为了乌鸦座。阿波罗还派长蛇去监督，让它永远无法从杯中喝到水。

长蛇座是全天最大的星座，几乎与天赤道平行。因为长蛇座极长，所以在《弗拉姆斯蒂德星图》中，需要一张折页才能将它完整地绘制出来。长蛇座的背上分布着乌鸦座、巨爵座和六分仪座等多个星座。

尽管长蛇座的体形庞大，但没有什么突出的亮星。其中唯一的二等星是星宿一（长蛇座 α），它孤单地位于长蛇的心脏位置。在阿拉伯语中，这颗星的名字是"孤独者"的意思。

古希腊陶罐上的赫拉克勒斯和九头蛇。

法尔内塞宫凉廊穹顶壁画中的赫拉克勒斯。

巨爵座：复仇的魔鼎

巨爵座位于长蛇座的背部，毗邻乌鸦座，是一个暗淡的南天星座。尽管它只是一个不起眼的星座，但巨爵座在古希腊时期就已经出现了，它的几颗亮星在天空中排成菱形，看起来像一个巨大的酒杯。

在古希腊神话中，巨爵座的背后有一个非常凄惨的故事。传说在距离希腊很远的黑海岸边，在一个叫科尔喀斯的地方，有一件稀世珍宝，那就是金羊毛。国王珀利阿斯非常想获得这个宝贝，于是蛊惑自己的侄子伊阿宋去取回金羊毛，并承诺将原本属于伊阿宋父亲的王位交还给他。伊阿宋在众神和一批希腊英雄人物的帮助下，最终顺利地取得了金羊毛。

国王珀利阿斯惊讶不已，他做梦也没想到伊阿宋居然能活着回来。于是，珀利阿斯拒绝履行诺言，伊阿宋对此异常愤怒，但又无可奈何。就在这个时候，科尔喀斯国的公主美狄亚站了出来，决定帮助伊阿宋复仇。美狄亚精通各种法术，她难以自拔地爱上了伊阿宋，并且几乎为此失去理智。在此之前，美狄亚为了帮助伊阿宋盗取金羊毛，甚至还冲动地杀害了自己的亲弟弟。

拜耳《测天图》中的巨爵座。

这一回，美狄亚再次动用了强大的魔力。为了替伊阿宋报仇，她对国王的公主们谎称，自己能够帮助年迈的国王恢复青春。为了证明自己所言非虚，她将一只垂死的老绵羊杀死后丢入魔鼎中烹煮，结果里面竟然蹦出了一只活蹦乱跳的小绵羊。

公主们眼见此景，都对美狄亚深信不疑，于是说服老国王珀利阿斯进入美狄亚的魔鼎，以此返老还童。可是，珀利阿斯进去后就再也没有出来了。公主们这才反应过来，她们中了美狄亚的圈套，但这一切都为时已晚。尽管珀利阿斯罪有应得，但美狄亚的手段实在太残忍了。因此，天神宙斯担心她的魔鼎会继续祸害人间，便将它收到了天界成为巨爵座。

关于巨爵座，还有一种说法是巨爵曾经是太阳神阿波罗的圣杯。阿波罗让神鸟乌鸦带着圣杯去取水，乌鸦不但回来晚了，而且撒谎将责任都归咎于长蛇。因此，阿波罗便将乌鸦、长蛇和圣杯都升入天空中，成为不同的星座，其中的圣杯就是巨爵座。

《波得星图》中的巨爵座和乌鸦座。

乌鸦座：撒谎的圣鸟

乌鸦座是位于室女座西南的一个小星座，该星座中最亮的几颗星组成了近似梯形的形状，构成了乌鸦身体的外形。在古希腊神话中，乌鸦曾是太阳神阿波罗的圣鸟。根据奥维德的《变形记》，乌鸦在很久以前就像鸽子一样，是一种非常漂亮的鸟儿，有着雪白的羽毛。当年众神在尼罗河畔欢宴，突然遭遇到怪物堤丰偷袭，阿波罗变成一只乌鸦逃走，可以说乌鸦就是他的圣宠。

或许因为被过度宠爱，这只乌鸦后来竟然变得傲慢和堕落起来。阿波罗曾经爱上了拉庇泰公主科洛尼斯，但是乌鸦给他带来了一个小道消息，说科洛尼斯与凡人伊斯库斯相爱，对阿波罗不够忠诚。于是，阿波罗一时冲动，便开弓射死了公主。事实上，公主此时已怀有身孕，阿波罗发现她腹中的孩子还活着，只好将孩子从腹中救了出来。

由于这个孩子是剖腹而生，所以他被命名为阿斯克勒庇俄斯，意为"剖腹

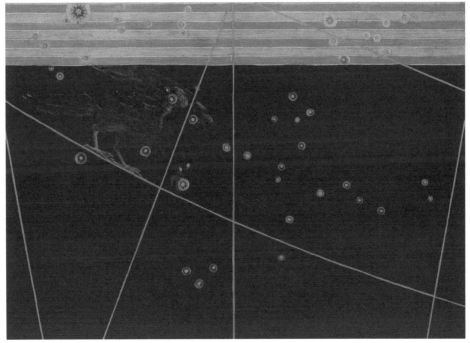

拜耳《测天图》中的乌鸦座。

得来的儿子"。这个孩子长大之后，因为精湛的医术而被后世尊为医神。这便是蛇夫座的原型。话说太阳神为自己的鲁莽懊悔不已，非常痛恨乌鸦告状，于是诅咒乌鸦不再拥有美丽的样貌。从此以后，这只原本美丽的鸟儿便披上了一身黑羽毛，变成我们现在看到的丑陋模样。

太阳神阿波罗与乌鸦。

另外一个故事就是我们前面提到的，太阳神阿波罗派乌鸦叼着圣杯去取水，乌鸦因为贪吃无花果而耽搁取水，并将责任全部推到了长蛇身上。阿波罗识破了乌鸦的谎言，便处罚乌鸦一辈子喝不上水，并让长蛇一直守护着取水用的圣杯。

乌鸦座蜷曲于长蛇座上方，它的外形紧凑，由四颗不起眼的三等星组成，而且通常位于地平线上方不远的地方。虽然它永远都不会像大熊座和狮子座那样耀眼，或者爬升得很高，但乌鸦座似乎在天上叽叽喳喳地叫着，以此宣示自己的存在。

法尔内塞宫凉廊穹顶壁画中的巨爵座与乌鸦座。

巨蛇座：可怜的大蛇

巨蛇座位于武仙座、北冕座、天秤座和天蝎座之间，是全天唯一被分成两部分的星座。巨蛇座象征着缠绕在蛇夫身上的大蛇，它被蛇夫座分成了前后两部分，蛇夫左手握住蛇头，右手抓住蛇尾。其中，蛇头的位置紧邻牧夫座和北冕座，而蛇尾则沿着银河指向天鹰座。

在古希腊神话中，巨蛇座是阿斯克勒庇俄斯控制的一条大蛇，而阿斯克勒庇俄斯就是古希腊的医神，也是蛇夫座的原型。

在托勒密时期，巨蛇座与蛇夫座就是两个单独的星座。不过，埃拉托色尼和哈吉努斯等人习惯将它们放在一起。后世的星图大都继承了这一特征，拜耳的《测天图》则是为数不多的分别展示了巨蛇座和蛇夫座的星图集之一。

1928 年，比利时布鲁塞尔皇家天文台的尤金·德尔波特（1882 — 1955）尝试定义星座的边界，此时他面临的一个难题就是如何处理这个由蛇夫和巨蛇

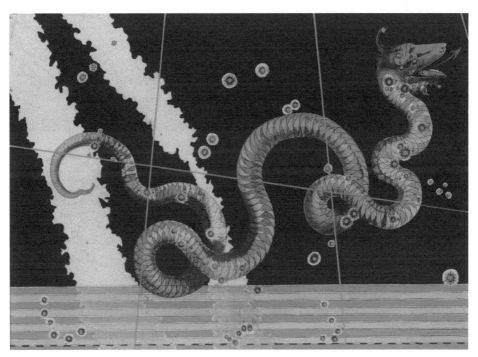

拜耳《测天图》中的巨蛇座。

鹰状星云。该星云的形状就如一只展翅的老鹰，图中的气柱是新恒星形成的场所。

结合而成的星座，因为这两个星座自古以来就相互融为一体。

德尔波特最终将巨蛇分成头和尾两部分，将它们分列于蛇夫座的两侧，从而解决了这一问题。其中，头部是较大的一半，覆盖的面积是尾部的两倍多。巨蛇座从西向东横跨近 57° 的天区，这刚好是长蛇座长度的一半左右，而后者是全天星座中最大的。如今，巨蛇座也成了唯一被分开的星座，尽管它被分成头和尾两个区域，但这两部分仍被视为同一个星座。

巨蛇座中最亮的星是天市右垣七（巨蛇座 α），它位于巨蛇的脖子上，在阿拉伯语中是"蛇脖子"的意思。此外，巨蛇座中最著名的一个天体是鹰状星云。

半人马座：肯陶洛斯族

　　半人马座位于南十字座的北面，是一个巨大而明亮的南天星座，它的南面沉浸在银河当中。在古星图中，半人马座的形象是一只手持长杆的半人半马怪物。他上半身的头和双臂是人的形象，下半身的躯体和四蹄则是马的形象。

　　在古希腊神话中，半人马座的原型是半人半马的野兽，生活在忒萨利亚珀利翁山的丛林中。由于天性野蛮暴躁，喜欢以肉食为生，而且嗜酒如命，因此这些狂野的怪物也被称作肯陶洛斯族。

　　尽管半人马的声名不佳，但部族中有一个与众不同的人物，那就是智者喀戎。实际上，喀戎由泰坦之神的首领克洛诺斯与大洋仙女菲吕拉所生，因此他有着高贵的血统。虽然他的形态与肯陶洛斯族的半人马相同，但是喀戎与后者有着很大的差别。他性情和善，富有智慧，而且精通狩猎、医学和音乐等技能，很多希腊人物都曾师从于他。

　　半人马座中最亮的两颗星分别为南门二（半人马座 α）和马腹一（半人马

马赛克镶嵌画中的半人马。

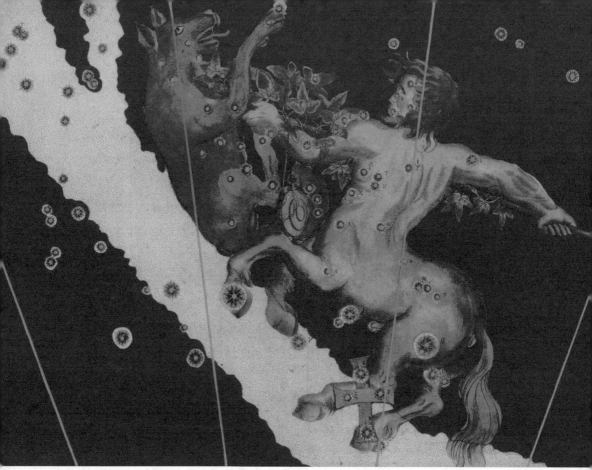

拜耳《测天图》中的半人马座。

座 β ），它们的连线刚好指向南十字座。其中，半人马座 α 距离太阳4.3光年，是离太阳系最近的一颗恒星，所以也称比邻星。

比邻星在阿拉伯语中的意思是"半人马的脚"。在古希腊时期，托勒密就曾描述它位于半人马右前腿的末端。同时，比邻星的亮度仅次于天狼星（大犬座 α ）和老人星（船底座 α ），它是全天排名第三的亮星。

阿拉伯文献中的半人马座。

豺狼座：凶残的野兽

豺狼座位于半人马座与天蝎座之间，是处于银河边缘的一个南天星座，它的图案在空中不太容易辨认。豺狼座在古星图中常被描绘成被半人马手中的长矛所钉住的野生动物，后来逐渐被画成单独的一只豺狼。

在托勒密的48个传统星座中，半人马座经常与豺狼座、天坛座联系在一起。半人马座有时被描绘成扛着猎物在神坛上献祭的样子。也有人将豺狼座与伊克西翁联系在一起，后者是一位阴险狡猾、贪财好色的国王。

据说有一次宙斯将他带到诸神的宴会上，谁知伊克西翁对天后赫拉动起了心思。宙斯虽然看在眼里，但不太相信他会这样胆大妄为，于是将云之仙女涅斐勒变成赫拉的样子，以此来试探伊克西翁。不料，伊克西翁原形毕露，宙斯十分震怒，用闪电劈死了他，并且将他放入天空中以儆效尤，成为凶残的豺狼座。

另外一种说法是古罗马诗人奥维德在他的《变形记》中的描述。豺狼座的原型是阿卡迪亚国王吕卡翁，他为了试探宙斯是否具有神力，能否明察秋毫，

拜耳《测天图》中的豺狼座。

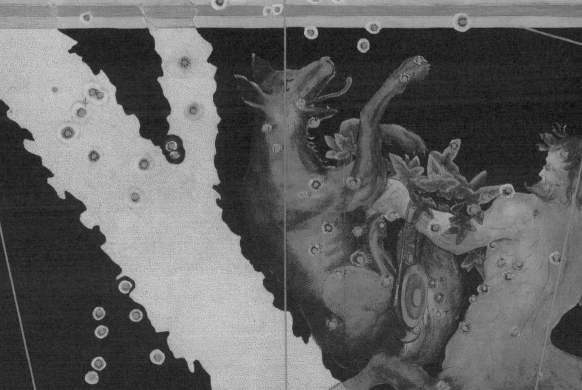

17 世纪油画中的宙斯和吕卡翁。

于是用人肉来招待宙斯。宙斯为了惩罚他，将他被变成豺狼。不过，这个故事似乎与豺狼座自身并没有最为直接的联系。

豺狼座 α 是一颗蓝巨星，中文名为骑官十，视星等为 2.3 等，距离地球710 光年。其实，它还是一颗变星，亮度变化范围为 2.29 等至 2.34 等，光变周期为 6 个多小时。

公元 1006 年，人们在天蝎座西南（即位于豺狼座方向的天空中）发现了一个神秘的亮点。这就是后来被天文学家命名为 SN 1006 的超新星。恒星在接近生命终点时猝然爆发，能够在极短的时间内成为银河系中最亮的天体。这便是超新星。

钱德拉 X 射线太空望远镜拍摄的超新星 SN 1006 的遗迹。

　　对此，中国古代的司天监官员将其取名为周伯星，并详细地记载了这颗星出现时的情况。《宋史·天文志》记载道："周伯星见，出氐南，骑官西一度，状如半月，有芒角，煌煌然可以鉴物。"由于它形同半轮明月，亮度很高，令人目眩，甚至人们在夜间也可以读书写字。这种情形持续了将近三个月时间。

　　豺狼座中的超新星 SN 1006 与地球相距 7000 光年，这颗超新星在爆发时以每小时数百万千米的速度喷射出物质，并在喷射物前产生一个冲击波。巨大的冲击波使得粒子得以加速到极高的能量状态，在太空望远镜拍摄的图像中呈现出明亮的蓝色灯丝状物质。

南冕座：神灵的花环

南冕座位于人马座的南方，紧挨着人马座的腿部和天蝎座的尾部。与北冕座相比，南冕座稍显逊色，它由一串呈弧形结构的恒星排列而成。这些恒星均为四等星或更暗的星，象征着人马座头上掉落的一顶皇冠。

尽管南冕座是古希腊时期托勒密确定的 48 个西方传统星座之一，但并没有任何与之相关的神话传说。此外，与象征着镶嵌有珠宝的皇冠的北冕座不同，南冕座则是用花草编织而成的桂冠。

南冕座虽然是面积较小的一个星座，但它是南天的一个独特星座。大约每年 3 月，在这片星空中会出现南冕座流星雨。

在中国古代，人们将南冕座所在的这一片天区看成"天上的鳖鱼"，因此这个星官也被称作鳖星，它位于南斗的南边。如今的南冕座 α 距离地球 91 光年，视星等为 4.11 等，其中文名为鳖六；而南冕座 β 距离地球 190 光年，中文名则是鳖五。

拜耳《测天图》中的南冕座。

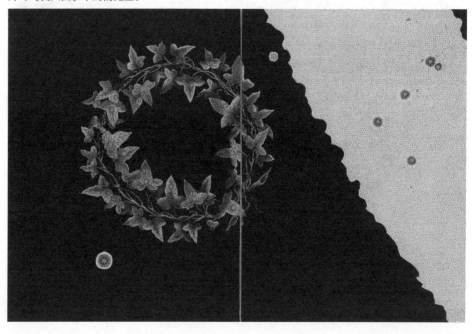

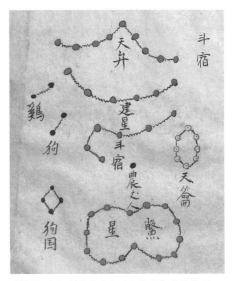

《波得星图》中的南冕座。　　　　　　　　　明代钦天监星图《通志天文秘略》中的鳖星。

天坛座：众神之祭坛

天坛座位于天蝎座的正南方，是处于南天银河中的一个小星座，其形态源自古希腊神话中的祭坛。它的形状呈不规则的"H"形，这也是该星座的主要标志之一。祭坛在希腊神话中经常出现，因为英雄们总是需要向神献祭。天坛座就如同天界里常年燃烧着圣火的祭坛。

不过，根据埃拉托色尼的说法，这座祭坛显得比较特殊，因为这里是诸神在与泰坦巨人展开夺权大战时曾经立誓的地方，所以它见证了古希腊神话中的一个重要事件。在这场大战中，奥林匹斯诸神最终获得了胜利，后来成为天神的宙斯便将祭坛升入天空中，以纪念这场伟大的战争。

在古星图中，天坛座通常被描绘成典雅的香炉，而且是倒立着的。它的底座朝北，顶部朝南，银河犹如圣火从祭坛上冉冉升起。

天坛座中有 19 颗亮于 5.5 等的恒星，其中有三等星 4 颗。该星座中最亮的星是天坛座 β，距离地球 96 光年，视星等为 2.85 等，其中文名为杵三。天坛座 α 距离地球 280 光年，视星等为 2.95 等，中文名为杵二。天坛座 γ 距离地球 2400 光年，视星等为 3.34 等，中文名为龟二。

法尔内塞宫凉廊穹顶壁画中的天坛座。

明代《乾象图》中的星图。天坛座中的星对应于中国古代二十八宿中箕宿的"杵"和尾宿的"龟"。

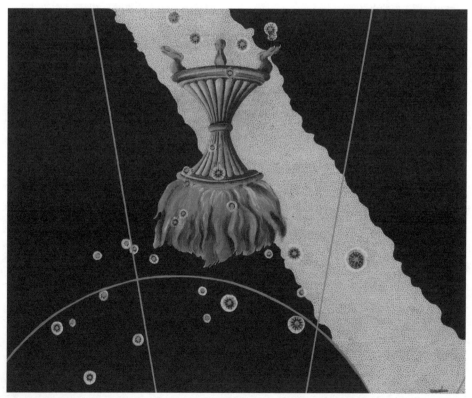

拜耳《测天图》中的天坛座。

狐狸座：费解的难题

狐狸座位于天鹅座和天鹰座之间，是北天的一个暗星座。这个星座由波兰天文学家赫维留于 1687 年创立，起初的名称是"狐狸与鹅座"。它的形象是嘴里叼着一只鹅的狐狸，后来天文学家将它简化为狐狸座。

狐狸与鹅座中的鹅如今早已消失，只剩下狐狸。至于赫维留为什么要创立这样一种组合星座，我们已经不得而知。不过，中世纪早期曾经流传着这样一个让人绞尽脑汁的难题。

这是一个关于一只狐狸、一只鹅和一袋豆子的故事。从前有个农夫去赶集，他买了一只狐狸、一只鹅和一袋豆子。一想到回家后老婆看着这肥嘟嘟的大鹅、毛茸茸的狐狸和满满一整袋豆子时开心的笑容，农夫激动的心情溢于言表。

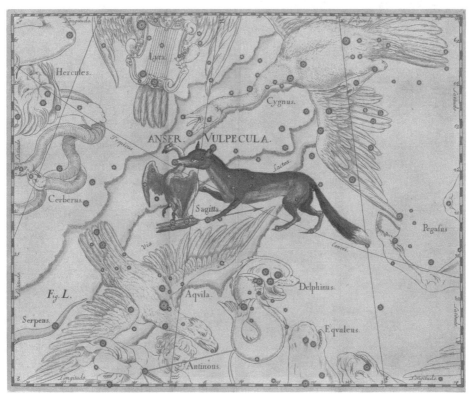

《赫维留星图》中的狐狸座。

来到河边时，他才发现只有坐船渡过河去才能回家，然而船的空间不够大，一次只能装下狐狸、鹅和豆子中的一样。所以，他每趟只能带一样东西过去，把剩下的两样东西留在岸边。可是倘若他把狐狸和鹅留在岸边，带着豆子过去，那么狐狸就会吃掉鹅；如果他带狐狸过河，将鹅和豆子留在岸边，那么鹅就会吃掉豆子。大伤脑筋的农夫不由得挠起了头，他要如何做才能把这三样东西都平安地带给他家中饥肠辘辘的老婆呢？

数百年来，人们一直在思考如何解决这个难题。历史上也并没有出现过与这个传说故事相关的星座，赫维留是否听过这个故事人们也不清楚。但是，这只鹅似乎已被天文学家所遗忘，现在它已经从星座中消失了，没准儿就是被狡猾的狐狸吃掉了吧。

狐狸座中的哑铃星云。狐狸座中稀稀拉拉地分布着一些四等星，其中还有著名的行星状星云 M27，也叫哑铃星云，因为它的形状像供人们锻炼用的哑铃。

六分仪座：观天之神器

　　六分仪座位于狮子座与长蛇座之间，是一个不起眼的暗弱星座。该星座由波兰天文学家赫维留于 1687 年创立，其中的主要恒星只有三颗，代表着天文观测中用来测定角度的一种仪器。六分仪座比较暗，最亮的星也只有 4.5 等，其中的纺锤星系（NGC 3115）等星系则需要望远镜才能看到。

　　六分仪也称纪限仪，是赫维留最常使用的天文仪器。赫维留在年轻的时候完成了他的老师彼得·克鲁格（1580 — 1639）遗留下来的未完工的大象限仪。此后，他又制造了半径分别为 1.8 米和 2.4 米的木质六分仪，并且改用黄铜作为材料重新制作了类似的仪器。赫维留在其一生中一直坚持用六分仪进行肉眼

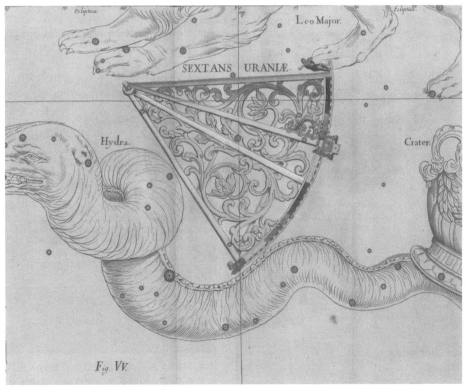

《赫维留星图》中的六分仪座。

观测，尽管他同时也用望远镜观察月球、行星和彗星，但是他认为恒星的观测更适合使用六分仪这样的传统仪器，于是他创立了六分仪座。

六分仪座是一个非常暗淡的星座。可能是为了证明自己的视力敏锐，维留用这些暗弱的恒星构成六分仪座。这就如同他创立的另一个星座天猫座一样，他希望以此展示自己的观测能力。

在赫维留的很多观测活动中，他的第二任妻子伊丽莎白（1647 — 1693）给予了他极大的支持，经常同他一起进行观测。在赫维留去世后，她还帮助赫维留整理出版了他生前的手稿，其中包括含有星图和星表的著作《天文导览》等。

位于六分仪座中的 NGC 3115 星系又称纺锤星系，它距离地球大约 3000 万光年。该星系拥有明显的星盘状结构和星系核，是一个透镜状星系。但是，它没有明显的旋臂，介于椭圆星系和旋涡星系之间。

赫维留与伊丽莎白使用六分仪进行天文观测。

NGC 3115 星系。该照片由蓝色部分的 X 射线以及黄色部分的可见光组合而成，其中 X 射线波段的图像揭示了大量炽热的气体正在流向星系中心的超大质量黑洞。

盾牌座：苏别斯基之盾

　　盾牌座位于天鹰座和人马座之间，整个星座都沉浸在银河之中，离天赤道也很近。盾牌座是全天第五小的星座，尽管它的面积很小，而且最亮的恒星也只有 4 等，但这里是银河中的一片恒星密集的区域。

　　盾牌座由波兰天文学家赫维留于 1684 年创立，最初的名字是索别斯基盾牌座，为的是纪念他的资助人、波兰国王约翰三世·索别斯基（1629 — 1696）。1679 年，一场火灾摧毁了赫维留的天文台。在这位国王的帮助下，赫维留才得以重建他的天文台。这个星座之所以采用盾牌的造型，则是因为索别斯基曾率军队解了维也纳之围，成功地帮助欧洲国家抵御奥斯曼帝国军队的入侵。

《赫维留星图》中的盾牌座（图中居中）。

这场战争发生于 1683 年 9 月 12 日，是波兰立陶宛联军与哈布斯堡王朝对围困维也纳两个月的奥斯曼帝国军队进行的一场解围之战。当时战场局势陷入胶着状态，索别斯基率领的波兰军队进入战场后，很快就撕裂了奥斯曼军队的防线，尤其是波兰翼骑兵的迅猛一击最终让首尾不能兼顾的奥斯曼军队全面崩溃。维也纳之战阻止了奥斯曼帝国攻入欧洲的行动，维持了哈布斯堡王朝在中欧的霸权以及整个欧洲的稳定。

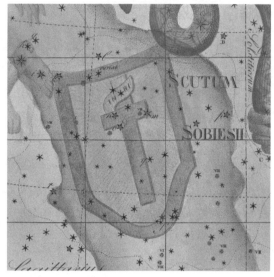

《波得星图》中的盾牌座。

赫维留对这个星座的描述和介绍首次出现在 1684 年 8 月的《学术纪事》（*Acta Eruditorum*）期刊上。这是欧洲德语地区的第一种科学期刊，其出版时间从 1682 年持续到 1782 年。赫维留引入索别斯基盾牌座时或许参照了英国天文学家埃德蒙·哈雷在 6 年前创立查尔斯橡树座的先例，后者用以纪念英国国王查理二世，但最终没有得到广泛的认可。

事实上，盾牌座作为唯一的因为政治因素而被沿用至今的星座，其命运颇为坎坷。英国皇家天文学家约翰·弗拉姆斯蒂德在自己的星图和星表中完全忽略了这个星座，只将其恒星列在天鹰座名下，尽管他接受了赫维留新创立的其他 6 个星座。

不过，值得庆幸的是，在 1801 年出版的具有巨大影响力的《波得星图》中，索别斯基盾牌座再次被恢复到天空中。但是，1845 年它又被英国天文学家弗朗西斯·贝利（1774 — 1844 年）从颇具影响力的《英国天文协会星表》中剔除。直到 1879 年，美国天文学家本杰明·古尔德（1824 — 1896）才将其作为一面普通的盾牌正式列入《阿根廷测天图》一书，并首次给这个星座中的恒星分配了希腊字母，从而最终巩固了它的地位。

南三角座：南天的三角

南三角座位于半人马座的东南方，距离南门二（半人马座 α）不远。它是南天的一个小星座，其图案是由三颗亮星连接起来的三角形，所以比较容易辨认。南三角座穿过了银河的一片恒星密集的区域。虽然南三角座的面积比北天中的三角座的面积要小，但是其中的三颗主要恒星比三角座更为明亮（南三角座 α、南三角座 β、南三角座 γ 的视星等分别为 1.9 等、2.8 等和 2.9 等）。

南三角座由 16 世纪末荷兰航海家普朗修斯创立，并且被绘制在他自己制作的天球仪上。后来，该星座于 1603 年被正式收入拜耳的《测天图》中，成为航海十二星座之一。在一些古典星图中，有时南三角座的三角形上还附有一个铅锤，可将其看作测量中使用的水准仪，并且它与附近的圆规座和矩尺座一起成为天空中的一组测量仪器。

南三角座 α 距离地球 110 光年，视星等为 1.92 等；南三角座 β 距离地球 39 光年，视星等为 2.85 等。在南三角座中，还有一对编号为 ESO 69-6 的互扰星系，它们距离我们大约 6.5 亿光年远，其外观和五线谱的音符有些相似。这是因为气体和恒星被从这个星系的外部剥离去，它们的尾迹相互作用，从而形成了独特的外观。

《巴蒂星图》中的南三角座。

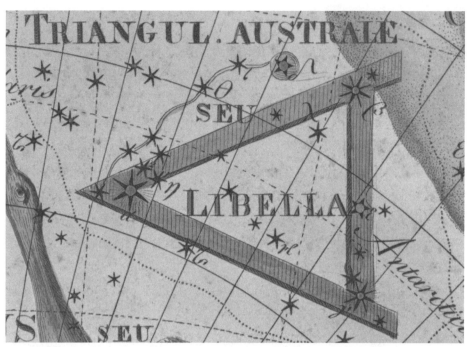

《波得星图》中的南三角座，三角形上还有一个通过细线连接的铅锤。

南三角座中的互扰星系 ESO 69-6。

南十字座：南天十字架

南十字座位于半人马座和苍蝇座之间，是全天最小的星座之一，也是一个排列非常独特的星座。星座中的亮星组成了一个明显的十字形结构，横卧在银河上。这些恒星位于半人马座的前后腿之间，星座的主体结构由其中的 4 颗亮星组成。

在古希腊时期，南十字座曾属于半人马座的一部分，被夹在两只马蹄之间。托勒密对这些恒星进行了编目，但是并没有将其视为一个单独的星座。由于岁差的影响，南十字座后来逐渐在欧洲人的视野中消失。这些恒星的位置相对于北天极，逐渐向南漂移。直到 16 世纪，欧洲的航海家们才重新发现了它们。

南十字座非常耀眼，而且形状和位置比较独特，其中较长的轴始终指向南天极。航海家们通过它，可以很方便地定出南天极的方向，以此来判断航向。1598 年，荷兰航海家普朗修斯首次在天球仪上，以现代的形式标注出了南十字座。到了 1624 年，德国天文学家雅各布·巴尔奇在其星表中将南十字座与半人马座分离出来，正式命名为南十字座，使其成为一个独立的星座。

南十字座的大部分区域位于南天银河之中，在十字形结构的左下方，有一片黑暗的尘埃星云衬托在明亮的银河背景上，被称为煤袋星云。煤袋星云是天空中非常著名的暗星云。在银河的衬托下，用肉眼很容易在南十字座中找到这个深色斑块。在历史上，煤袋星云也曾被称为麦哲伦斑。

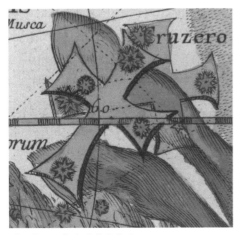

《巴蒂星图》中的南十字座。

南十字座中的煤袋星云。

第 5 章　猎户家族星座

猎户家族是一个包括 5 个星座的集团，这些星座囊括了猎户座、大犬座、小犬座、天兔座和麒麟座，整个家族呈现出猎人奥利翁带着猎犬追逐野兔的场景。尽管猎户家族的星座种类并不太多，是各个星座家族中数量最少的，但这个星座家族一直都是群星璀璨，其中不但包括天空中最亮的恒星天狼星（大犬座 α）以及排名第八位的亮星南河三（小犬座 α），而且包括猎户座中的参宿四（猎户座 α）和参宿七（猎户座 β）等亮星。

每当我们的目光游荡于浩瀚的星海，在这一区域就会发现一些异常明亮的恒星，这些恒星往往成为我们观测星空、判断方向以及推测时间的向导。猎户家族星座就是这样一个不容小觑的星座集团。其中，那位高大威猛的猎人肩上搭着狮皮，腰上系着夺目的腰带，挎着锋利的宝刀，他的身后还跟着忠实的猎犬（大犬座）。猎人用右手高高擎起一根大棒，他正在猎捕一只野兔（天兔座）。与此同时，他还要应付一头迎面扑来的公牛（金牛座），提防那只一直在暗中偷袭他的毒蝎（天蝎座）。他还在不停地追逐他心爱的七仙女（昴星团）。这个星座中似乎有着太多的故事。

其实，同一星座里的不同恒星与我们的距离以及各星座里恒星之间的距离相差非常大。比如猎户座中的两颗最亮的恒星，左上方的参宿四距离我们不到 500 光年，而右下方的参宿七则有 860 光年。猎户座中距离我们最近的猎户座 π3 只有 26 光年远，而位于猎户腰带中间位置的参宿二远达近 2000 光年。因此，如果我们在宇宙中换一个角度来看某一星座，它就会呈现出完全不同的模样。

亮星之所以明亮是因为它们的光度较高，或者离地球较近。当我们观测恒星时，最先注意到的就是亮度。古希腊天文学家喜帕恰斯（公元前 190 — 前 125）最早将肉眼可见的恒星粗略地分为 6 个等级。其中，一等星是最亮的恒星，而六等星则是肉眼刚好能够看见的恒星。借助光学仪器，如今人们对视星等的划分已经非常精确了。在数值上，一等星和六等星的实际亮度刚好相差 100 倍，相邻两个星等的亮度相差 2.512 倍。

至于非常亮的天体，它们的亮度可以为 0 或负值。比如，金星的亮度约为 −4.5 等，月亮满月时的亮度约为 −12.55 等，而太阳的亮度可以达到 −26.7 等。与太阳相比，有一些星体的体积更大，亮度自然也更高，比如猎户座中的红超巨星参宿四比太阳大 500 倍以上。如果将参宿四放在太阳系中心的位置，那么太阳和木星轨道之间的区域都将被它吞没。不过，由于参宿四距离我们较远，在全天恒星的亮度排名中，它只排在第十位。

中世纪手稿中的观星场景。天文学家们正在观测日月和五星，其中五大行星的亮度皆不相同，因此它们在图中显示的大小也不同。

猎户座：坚韧的猎人

大多数喜爱观星的人或许对猎户座都不会陌生，它位于大犬座、双子座、麒麟座和金牛座之间，也是全天最为瞩目的星座之一。猎户座还是拥有亮星数量最多的星座，在天空中非常容易识别，可以说它是冬季星空中最壮丽璀璨的星座。

猎户座腰带上的三颗亮星（参宿一、参宿二和参宿三）排列成一条直线，它们均为较明亮的二等星。在中国民间，它们是有名的"三星"，民间谚语有"三星高照，新年来到"之说。此外，这三颗星的下方还有三颗暗星，在西方这象征着猎户挂在腰间的佩剑。在猎户佩剑的位置，还有著名的猎户座大星云 M42。它是天空中最大且离我们最近的星云，在这一片区域中不断有新的恒星诞生。

猎户座的右肩和左脚分别是明亮的参宿四和参宿七，这两颗星在颜色上形成了鲜明的对比。其中，参宿四（猎户座 α）是一颗直径达到太阳直径数百倍的红超巨星，视星等在 0 等至 1.3 等之间变化，也是变光幅度最大的亮星。它距离地球大约 500 光年，也是猎户座的几颗亮星中距离地球最近的。参宿七（猎户座 β）

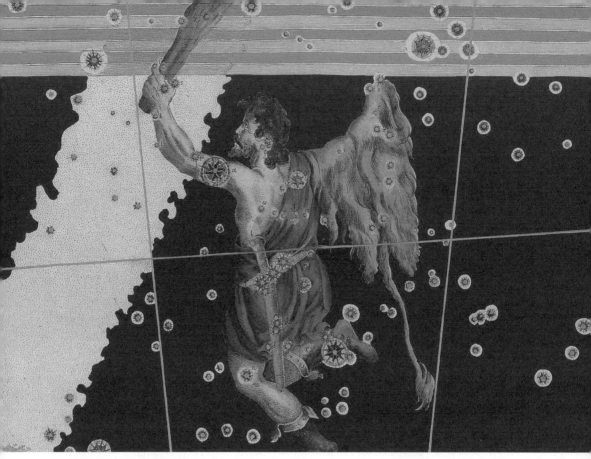

拜耳《测天图》中的猎户座。

则是一颗非常明亮的蓝超巨星，视星等达到了 0.1 等，甚至大多数时候比参宿四还要亮，因此它被普遍认为是猎户座中最亮的星。

猎户座并不是一个特别大的星座，只排在全天星座中的第 26 位，但是因为亮星较多，人们会产生猎户座天区面积较大的错觉。

猎户座也是最古老的星座之一，古希腊诗人荷马和赫西奥德等人的作品多次提到猎户座。比如，荷马在《奥德赛》中将猎户座描述成一位身材魁梧的猎人，说他装备有结实的青铜棍。

阿拉伯著作中的猎户座。

根据古希腊神话，猎户座原型的名字叫奥利翁，他是海神波塞冬和克里特国王米诺斯的女儿尤里亚尔的儿子，他后来成为了一名实力非凡的猎人。奥利翁曾向欧诺皮昂国王的女儿梅洛普求爱，但没有成功。后来，他又因为试图侵犯梅洛普而遭到被剜眼的惩罚。失明后的奥利翁一路向北，前往莱蒙斯岛。在那里，他遇到了同情他的赫菲斯托斯，赫菲斯托斯让助手塞达利昂充当奥利翁的眼睛。于是，奥利翁将这个年轻人扛在肩上，走向即将日出的东方。因为一位神谕者告诉他，日出将会使他恢复视力。到了黎明时分，当太阳的光芒照射在奥利翁失明的眼睛上时，他的视力果然奇迹般地恢复了。

另外，在古希腊神话中，奥利翁还是一个骄傲的猎手。有一天他外出打猎，遇到了狩猎女神阿尔忒弥斯。英俊威猛的奥利翁与俊俏秀美的阿尔忒弥斯一见钟情。他们经常一起狩猎，这让阿尔忒弥斯的哥哥太阳神阿波罗非常不满。有一天，他欺骗妹妹，让妹妹自己用弓箭射死了奥利翁。获知实情的阿尔忒弥斯悲痛欲绝，向天神宙斯哭诉。宙斯同情这对恋人，便将猎人奥利翁提升到天空

油画中的奥利翁。塞达利昂栖息在猎人奥利翁的肩膀上，失明的奥利翁需要他来充当自己的眼睛。

中成为猎户座，让他陪伴阿尔忒弥斯。

不过，还有一种说法认为，猎人奥利翁非常自负，经常吹嘘任何猎物都逃不出他的掌心。他的自大惹怒了天后赫拉。于是，赫拉派遣了一只毒蝎去偷袭奥利翁。奥利翁在与毒蝎打斗的过程中与之同归于尽。后来，奥利翁和毒蝎分别成为猎户座和天蝎座，他们在天上只能遥遥相对，永不相见。

在西方古星图中，猎户座被想象成一个高大的猎人，他腰佩宝剑，挥舞着棍棒，迎战对面冲来的金牛，尽管神话中其实没有提到这样的战斗。还有一个关于猎户座的传说与金牛座中的昴星团有关。昴星团的原型是 7 个姐妹，猎人曾爱上她们，并自作多情地追求她们。

大名鼎鼎的猎户星云 M42 是夜空中被观测和记录得最多的天体之一，肉眼看来它不过是象征猎户宝剑的一团模糊的光斑。实际上，它的宽度达到 24 光年，是恒星诞生的温床。这个星云的颜色呈现出粉红色，因为其内部的氢元素受到了年轻恒星的激发，发射出粉红色的光。在星云的核心有数千颗年轻的恒星。

阿拉托斯《物象》中的猎户座。猎人举起棍棒，他的脚下是天兔座。

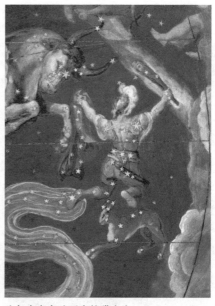

法尔内塞宫壁画中的猎户座。

哈勃太空望远镜拍摄的猎户星云 M42。

大犬座：猎户的爱犬

　　天上有三个与狗有关的星座，大犬座无疑是其中最有名的那一个。托勒密在他的《天文学大成》中称，夜空中最亮的恒星天狼星（大犬座 α）为"狗星"。所以，几乎可以肯定的是这个星座的起源与这颗恒星有关。古希腊诗人阿拉特斯曾认为，大犬为猎人的猎犬，它紧跟在主人的脚后，用后腿站立，嘴里叼着天狼星。

　　在古希腊神话中，大犬座的原型是一条叫作莱拉普斯的猎犬，它的动作非常迅捷，没有任何猎物可以超越它。也有传说认为，它是猎人奥利翁忠诚的爱犬，终日陪伴其左右。当奥利翁死后，这条猎犬终日不吃不喝，悲哀地吠叫着，最后被饿死。天神宙斯被这条猎犬的忠诚所感动，于是将它升入天空中成为大犬座。

　　在古希腊，每当大犬座中的天狼星在黎明前升起时，就预示着一年中最热的季节即将来临，这段时间就是所谓的"三伏天"。在古埃及，天狼星偕日升起，

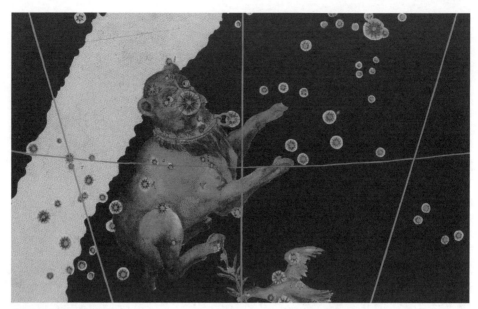

拜耳《测天图》中的大犬座。

标志着尼罗河洪水泛滥的季节即将到来。每当这个时候，人们就要迁移到高处的安全地带。

在中国古代，大犬座 α 被称作天狼星，象征不断入侵中原的北方游牧民族。很多人或许会想到苏东坡，感慨《江城子·密州出猎》中那荡气回肠的诗句"会挽雕弓如满月，西北望，射天狼"。诗中的天狼星其实并不在西北方向，而是指西北方向的入侵者。

作为一个比较突出的南天星座，大犬座包含全天最亮的恒星天狼星，它的亮度大约是第二亮星船底座老人星的两倍。天狼星与地球相距 8.6 光年，它也是距离我们较近的恒星之一。古希腊经典通常将天狼星描述为猎狗下巴上的那颗星。在《波得星图》中，天狼星被标记为猎狗的鼻子。而在此前的拜耳《测天图》中，天狼星被放在了猎狗嘴巴的位置。

1844 年，德国天文学家、数学家贝塞尔（1784 — 1846 年）根据天狼星和南河三的自行起伏变化，预言它们都有较暗的伴星存在，后来这些分别在观测中得以证实。天狼星有一颗较暗的白矮星伴星，后者以 50 年的公转周期环绕着它旋转。不过，它的亮度只有天狼星的万分之一，只有通过大型天文望远镜才能观测到。

陕西靖边东汉墓壁画星图中的"弧矢射天狼"。壁画左边的"弧矢"星旁有一人做射箭状,右边的"狼星"正在奔跑逃脱。

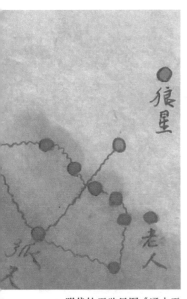

明代钦天监星图《通志天文秘略》中的"弧矢射天狼",左下方的"弧矢"星正在对着中间的"狼星"。

《波得星图》中的天狼星。图中大犬座嘴里叼着的就是天狼星,其视星等为-1.46等。它是除太阳外全天最亮的恒星。

贝塞尔,德国天文学家和数学家。除了天体测量学上的成就,他还在数学研究方面提出了贝塞尔函数。

小犬座：跟班小猎犬

　　小犬座位于双子座与麒麟座之间，是古希腊人创立的一个较小的星座。虽然这个星座很小，但很容易被找到，因为其中有一颗十分明亮的恒星，那就是全天亮度排名第八的南河三（小犬座 α）。这颗星距离我们 11.5 光年。南河三与天狼星（大犬座 α）一样，都是距离我们比较近的恒星。它们与参宿四（猎户座 α）构成一个巨大的等边三角形，组成了著名的"冬季大三角"。

　　小犬座的原型有时被认为是猎人的两条猎犬中较小的那一条。由于它比大犬座升起得更早，在希腊语中也被称作"前面的狗"。在古希腊神话中，小犬座是猎人阿克泰翁的爱犬美兰波斯的化身。有一次，阿克泰翁带着爱犬去打猎，因正午日光强烈，便走到森林深处休息。他在无意间闯入了狩猎之神阿尔忒弥

拜耳《测天图》中的小犬座。

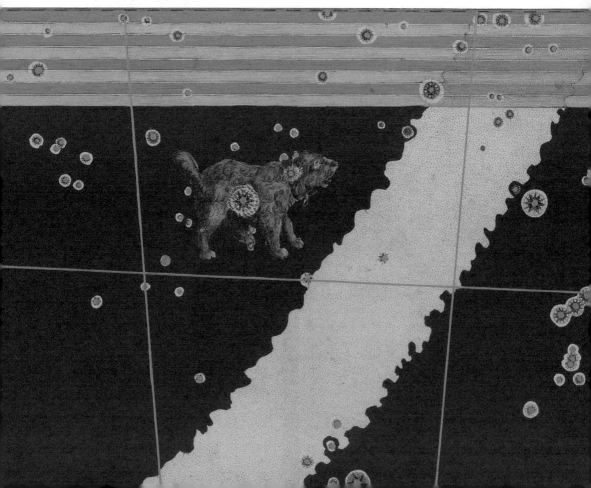

斯的圣地，不慎看到正在沐浴的阿尔忒弥斯。又羞又怒的阿尔忒弥斯一边急忙掩着身子，一边诅咒着将一杯水泼向这位冒失的闯入者。

　　被泼到水的阿克泰翁的头上开始长出一犄角，脖子变得细长，耳朵也变得又长又尖，成了一只浑身长满皮毛的麋鹿。阿克泰翁急忙呼喊求救，却只能发出鹿的叫声。而他的爱犬并不知道面前的鹿就是自己的主人，一阵追逐后不慎将其咬死。后来，宙斯将阿克泰翁的猎犬放在了天空中，提醒人们这一段不幸的遭遇。

　　在星座图案中，小犬座中最亮的两颗星南河三和南河二差不多正好位于天赤道上。在古希腊托勒密的星表中，南河三和南河二分别被放置在猎狗的身上和脖子上。除此以外，这个星座中其他的星则显得乏善可陈。

提香画作中的"阿克泰翁之死"，描绘了阿尔忒弥斯将阿克泰翁变成一只麋鹿的情景。

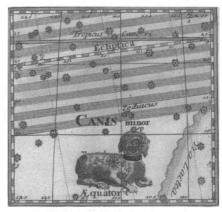

法尔内塞宫凉廊穹顶壁画中的小犬座，图中展示了阿克泰翁与他的爱犬。

托马斯星图中的小犬座。

天兔座：长耳朵萌宠

天兔座位于猎户座的下方，它的名称源自希腊语中的"兔子"。后来，在阿拉伯语中，人们采用"大型野兔"一词来表述它。天兔座中没有太多的亮星，天兔座 κ 和天兔座 λ 等几颗星常被描绘成兔子突出的长耳朵。

天兔座在天空中被想象成一只奔跑的兔子。根据古希腊天文学家埃拉托色尼的说法，之所以将野兔放在天上是因为它的动作迅速。古希腊作家哈吉努斯则认为，这是因为野兔具有非凡的生育能力。亚里士多德在他的《动物史》一书中也曾提到，野兔在任何季节都会繁殖，一次能产下很多幼崽。

天兔座与猎户座、大犬座一起组成了一个有趣的画面。古希腊诗人阿拉特斯曾写道，一条狗（大犬座）正在无休止地追逐野兔。也有传说认为，猎人奥利翁带着他的爱犬不停地追赶野兔。不过，从天兔座在空中的位置来看，野兔似乎更像蹲在猎人的脚下。

在古希腊神话中，从前希腊南部的莱罗斯岛上原本没有兔子。后来，

托马斯星图中的天兔座。

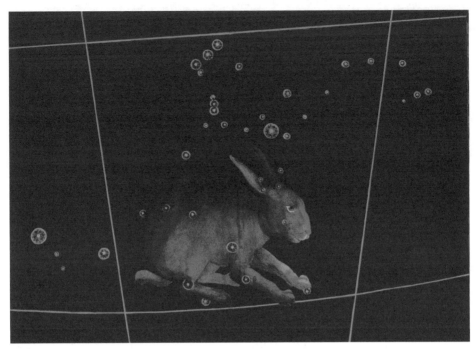

拜耳《测天图》中的天兔座。

一个男人带来了一只怀孕的雌兔，于是大家都开始养兔子。岛上不久就挤满了野兔，它们开始侵占良田，损毁庄稼，导致粮食减产。最终，居民们齐心协力，将野兔赶出了他们的岛。后来，兔子的形象被放到了天空中，用来警醒人们，在得到一些东西的同时，或许也会失去某些东西。

天兔座的轮廓像一个蝴蝶领结，天兔座 α 是该星座中最亮的恒星，也是可见的光度最大的恒星之一。然而，由于距离地球太遥远，它的视亮度只有2.6等。

麒麟座：吉祥独角兽

麒麟座是一个比较暗淡的星座，它靠近猎户座、大犬座和双子座等显眼的星座，所以很容易被忽略。不过，麒麟座的位置并不难找，它占据了长蛇座和猎户座之间的一大片区域，位于北半球"冬季大三角"（由参宿四、南河三和天狼星组成）的中间位置。

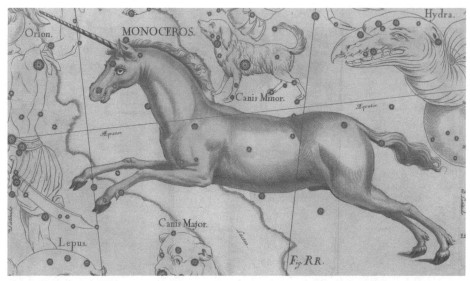

《赫维留星图》中的麒麟座。

麒麟座的原型是神话中的独角兽，但古希腊人并没有创立过这个星座。1612年，荷兰航海家普朗修斯首次使用独角兽的形象和名称，用以描绘麒麟座。1624年，德国天文学家雅各布·巴尔奇在他的星图中正式采用麒麟座，以致有时人们误以为他是麒麟座的创立者。

巴尔奇曾提到《圣经》中有多处提到独角兽，现在并不清楚这个星座的引入是否与《圣经》有着直接的联系，但至少独角兽一直以来在西方是基督教纯洁的象征。后来，麒麟座因被收入了《赫维留星图》而广为人知，并为后世的天文学家们普遍接受。

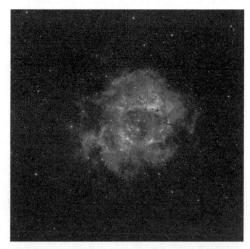

玫瑰星云 NGC 2237。

麒麟座刚好位于天赤道与银河的交汇处，它的形象是一头昂首挺胸的独角兽。它的面积很大，但没有特别的亮星。此外，麒麟座中还有非常美丽的玫瑰星云，这是一个由发光气体和疏散星团组成的环状星云。

第 6 章　幻水家族星座

　　幻水家族是一个包括 9 个星座的集团，这些星座囊括了海豚座、小马座、波江座、南鱼座、船底座、船尾座、船帆座、罗盘座和天鸽座。这些星座基本上都是河流、湖泊、海洋生物以及船只等形象。在这些星座中，船底座、船尾座和船帆座最初都属于古老的南船座，因为它所占天区的面积太大，后来被拆分为三个不同的星座。

　　在自然界中，河流湖泊是常见的地表形态，古人也将它们与天空中的繁星联系在一起。在中国古代，人们将星空中那条白茫茫的光带想象成天上的一条河流，称其为银河或天河。

　　在望远镜发明之前，人们并不知道银河是由无数恒星组成的。这些遥远且密集的恒星在肉眼看起来，就如同白茫茫的一片云气。晋朝思想家杨泉在《物理论》中说道："星者，元气之英也；汉，水之精也。气发而升，精华上浮，宛转随流，名之曰天河。"

　　中国古人认为，银河既然是一条河流，那么它在地平线上消失时，是否与地上的河流有着某种联系呢？其实，古人曾认为银河与黄河及汉水是相通的，所以银河也有"银汉"之称。因此，诗人李白不仅有"飞流直下三千尺，疑是银河落九天"的比喻，也有"秦开蜀道置金牛，汉水元通星汉流"的描述。古人仰观星空，发现银河闪闪发光，如同天上的河流，所以也就有了天汉、河汉、天河等称呼。《诗经》里有"维天有汉，监亦有光"之句。

　　不过在西方，人们对银河的理解有所不同。古希腊哲学家提奥弗拉斯托斯（约公元前 371 — 前 287）认为，银河是天球南北两部分相互连接之处；古希腊历史学家狄奥多罗斯（约公元前 90 — 前 30）认为，银河是一条如火般的带子；哲学家亚里士多德认为，银河是由火山喷流缓慢燃烧造成的，是地球上的水蒸气凝结而成的白雾；哲学家德谟克利特认为，银河由微小的恒星组成，它们紧密地聚集在一起。最终，他的理论在 1610 年通过伽利略的望远镜观测被证实。

　　前文提到，天神宙斯偷偷地将自己的私生子赫拉克勒斯放在睡着的天后赫拉身旁，让这个孩子吮吸赫拉的乳汁。谁知赫拉克勒斯吮吸得太用力，一下子

明朝画家郭诩画作中的"夜梦天河"场景。

惊醒了熟睡中的赫拉。赫拉急忙将孩子推开，不慎将乳汁喷到了天上，成了"银河"（the milky way）。

实际上，与中国古人将河流搬到天上的想法类似，古代西方人也将波江等河流、海豚等海洋生物以及与航海有关的船只和罗盘等都一股脑地挪到了天空中。于是，在一大片连续的天区中就陆续分布着与水有关的幻水家族星座。

16世纪油画中的赫拉与银河。在古希腊神话中，银河是由天后赫拉的乳汁喷洒而成的。

海豚座：海神的信使

海豚座位于天鹰座和飞马座之间，是处于银河边缘的一个小星座。海豚是古希腊水手们非常熟悉的生物，因此在天空中发现这种友好而聪明的动物并不奇怪。在古希腊神话中，这只欢快的海豚代表海神波塞冬的使者。在宙斯、波塞冬和哈迪斯推翻了他们的父亲克洛诺斯的统治之后，波塞冬成为了海王。

波塞冬为自己建造了一座宏伟的水下宫殿，但缺少一位王后，于是他开始追求一个叫安菲特里忒的海洋仙女。然而，安菲特里忒起初回绝了波塞冬，并且躲藏了起来。波塞冬不得不派使者到处去寻找她，其中包括一只海豚。最终，海豚找到了安菲特里忒，并且用抚慰人心的手势将她带回到海神的身边。安菲特里忒嫁给了海神波塞冬之后，波塞冬为了表示感激，将海豚的形象放在天空中成为了海豚座。

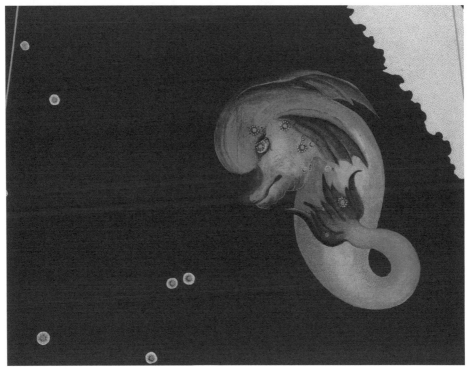

拜耳《测天图》中的海豚座。

还有一个关于海豚座传说。大约在公元前 6 世纪，有一位名叫阿里翁的伟大音乐家，他演奏竖琴的技巧无与伦比。有一次，阿里翁从西西里岛和意大利南部演出结束，准备乘船返回希腊，此时遇到了一群密谋杀害他并抢夺财物的水手。就在这些谋财害命之徒开始冲他动手之时，阿里翁请求他们允许自己唱最后一首歌，这样他就可以像游吟诗人一样体面地死去。水手们同意后，阿里翁抱起七弦琴开始弹奏。他的歌声如此优美，引来了一群海豚。阿里翁唱罢抱着琴跃入大海，幸运的是海豚救了他的命。海豚载着这位天才乐手穿过海洋，最终将他带到了安全的地方。

如果从天鹰座中的牛郎星向东北方向找寻，人们可找到由 4 颗暗星组成的一个小菱形，这就是海豚的头。在中国古代，这被认为是织女的梭子，俗称梭子星。在它们的旁边还有一些暗星，那是海豚的尾巴。

古希腊陶罐上的长笛演奏者与海豚（公元前 3 世纪）。

小马座：天上小马驹

小马座紧邻着飞马座，位于天赤道带附近，是全天第二小的星座。小马座很早就出现在托勒密的48个传统星座之中，传说它是奥林匹斯诸神的信使赫尔墨斯赠送给卡斯托耳的名马。

小马座的形象象征着一匹小马驹的头部，在阿拉伯语中它被称作"马的一部分"。由于该星座中都是一些暗淡的恒星，最亮的恒星也只有4等，再加上天区面积较小，所以这个星座不易观测到。小马座中最亮的恒星是小马座 α，视星等为3.92等。这是一颗黄巨星，距离地球150光年。

自古希腊时期起，小马座就和飞马座一起成为天上的星座。古希腊神话中还有一种说法是，小马座的原型名叫赛莱利斯，是飞马座的兄弟或孩子。

拜耳《测天图》中的小马座。

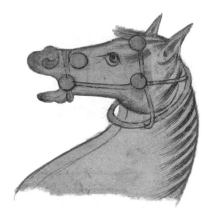

阿拉伯语著作中的小马座和飞马座。

波江座：大河向南流

波江座从猎户座南端附近开始，蜿蜒曲折地向南一直延伸至水蛇座附近。它是南北跨度最大的星座，跨度将近60°；也是北半球冬季可以看到的主要南天星座之一。波江座中的大多数恒星都比较暗，只有一头一尾两颗恒星比较引人注目。

在古希腊时期，波江座其实并没有延伸到如此靠南的天区位置。直到欧洲大航海时期，波江座才得以延伸至亮星水委一（波江座α）。所以，在阿拉伯语中，水委一的名字就是"河流尽头"的意思。

在托勒密的著作中就有关于波江座的记载，那时它的意思就是"河"。埃拉托色尼曾说过，这是唯一一条从南向北流的河流，代表尼罗河。但是，后世对此有着的不同见解，因为这条天上的河流被视为从北向南流动，这与尼罗河的真实流向相反。此后，人们便将波江座与从西向东流经意大利北部的波河联系起来。

前文提及，太阳神赫利俄斯之子法厄同争强好胜，他一心想着像父亲那样建功立业。有一次，法厄同请求父亲允许他驾驶战车飞过天空，赫利俄斯同意了这个请求，同时也警告他其中所面临的危险。然而，这一鲁莽的举动给天空和大地带来了非常可怕的灾难。

法厄同驾驭着金色马车，完全忘记了父亲的忠告。他挥着马鞭，一路狂奔乱撞，导致穿过的云层燃起了大火，碰到的高山纷纷崩裂，整个世界都处于灾难之中。根据神话学家的说法，就在那个时候，利比亚变成了沙漠，埃塞俄比亚人也被烤成了黑皮肤。为了制止这场灾难，天神宙斯不得不用闪电击向法厄同，使他像一颗流星一样从马车上坠入波江里。平息了这场灾难后，宙斯将法厄同的形象升入天空中成为御夫座，而厄同丧生的这条河流也就成了波江座。

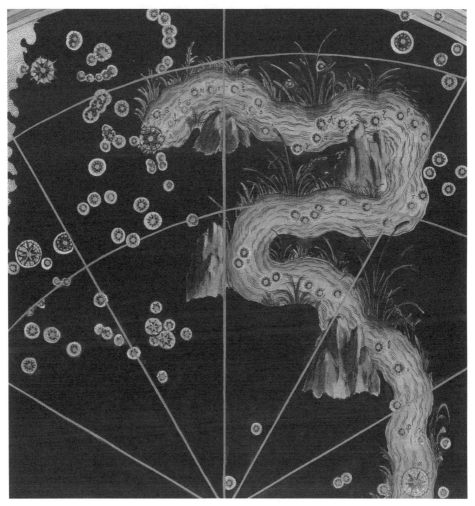

拜耳《测天图》中的波江座。

法尔内塞宫凉廊穹顶壁画中的波江座。

意大利曼托瓦公爵宫壁画中的正在驾驶马车的法厄同。

南鱼座：洪水拯救者

南鱼座位于宝瓶座与天鹤座之间，是古希腊的48个传统星座中最靠南的一个。根据古希腊神话，南鱼座的原型是一条神鱼。此外，据埃拉托色尼的说法，南鱼座神话有中东文化的背景，这也说明了它在古巴比伦的起源。

据说叙利亚生育女神德尔塞托掉进了叙利亚北部幼发拉底河附近的班比斯湖中，幸好一条大鱼救了她。因此，叙利亚人不再吃鱼，而是将鱼作为神来崇拜。当然，也有人说南鱼座是双鱼座中两条较小的鱼的父亲或母亲。

从星座形态来看，南鱼座中的鱼张开大嘴，正好饮入了从宝瓶座流淌而出的水。因为宝瓶座流出的水被认为是大洪水的来源，所以这条饮水的鱼也就有了从大洪水中拯救世界的寓意。于是，有人认为南鱼座正是源自古代大洪水神话中拯救世界的游鱼形象。

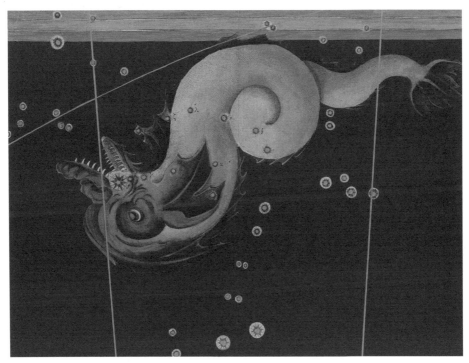

拜耳《测天图》中的南鱼座。

南鱼座由一圈小小的暗星组成，形成一条鱼的形状。不过在天空中，它其实比黄道十二宫中的双鱼座更引人注目，因为它包含一颗视星等为1.2等的亮星，这就是北落师门（南鱼座α）。这颗星的亮度在全天排在第18名，在阿拉伯语中，它的名称是"鱼嘴"的意思。

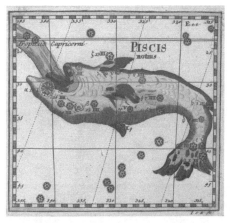

托马斯星图中的南鱼座。南鱼座张开嘴，饮入从宝瓶座中流出的水。

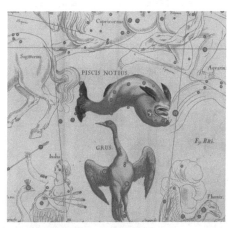

《赫维留星图》中的南鱼座（图中上部），北落师门就是位于鱼嘴位置的那颗亮星。

南鱼座中的HCG 90星系距离地球大约1亿光年，是一个旋涡星系。在下图中可以看到扭曲的尘埃带，这是HCG 90左侧和下方的两个椭圆星系在引力作用下形成的。这两个星系如同拔河一样，争夺着它的星际物质，使其被撕扯得四分五裂。终有一日，这三个星系将会合并成一个比银河系还要大得多的超级星系。

哈勃太空望远镜拍摄的HCG 90星系。

船尾座：阿尔戈船尾

　　船尾座与大犬座相邻，是一个跨越银河的南天星座，宽阔的银河犹如它的航线。船尾座所涵盖的区域原属于古希腊传统星座中南船座的一部分。在古希腊神话传说中，这艘船象征着伊阿宋搭乘的"阿尔戈号"。伊阿宋曾和他的船员乘坐"阿尔戈号"远航去寻找金羊毛。到了 18 世纪，法国天文学家拉卡伊将面积过大的南船座拆分为船尾座、船底座和船帆座三个星座，而船尾座是其中最大的一个。

　　船尾座象征着船尾的甲板。在南船座被分割时，船尾座、船底座和船帆座三个星座中的恒星共用一套拜耳命名法，因此船尾座和船帆座中没有 α 星和 β 星。 船尾座中的恒星是从希腊字母 ζ 开始标注的，船尾座 ζ 是其中最亮的恒星，即弧矢增二十二。这颗星诞生于 400 万年前，与地球相距 1000 多光年，是一颗视星等为 2.2 等的恒星。

拜耳《测天图》中的南船座，后来被拆分为船尾座、船底座和船帆座。

哈勃太空望远镜拍摄的"恒星孵化锅"，位于船尾座附近的 NGC 2467 星云如同弥散着热气的大锅。

船底座：巨船的龙骨

　　虽然船底座通常被描述为"阿尔戈号"的龙骨，但可以说船底代表的是船的主体或船体。它继承了原本南船座中最亮的两颗星，即现在的船底座 α 和船底座 β。其中，船底座 α 是全天第二亮的恒星，也称老人星，其视星等为 0.7 等。

　　若论恒星本身的光度，老人星其实比全天最亮的天狼星还要亮。事实上，它的亮度是太阳的 15000 多倍，是天狼星的 600 多倍。但它距离地球更远，达 300 多光年，是天狼星与地球间的距离的 30 多倍。所以，它看起来略显暗淡，只能位居亮星榜的第二位。

哈勃太空望远镜拍摄的船底座星云"神秘山"。

船底星云"神秘山"与地球相距 7500
光年，星云中的山峦状结构与星云"创造
之柱"非常类似。附近耀眼的恒星所散发
出的辐射正在不断地侵蚀宇宙中这些所谓
的"山峰"。

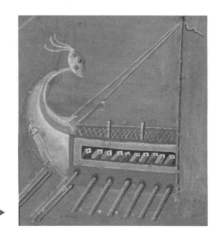

阿拉托斯《物象》中的南船座，
图中呈现了南船座的龙骨。▶

船帆座：远航之巨帆

　　船帆座东邻半人马座和南十字座，西邻船底座，位于银河中的一片恒星密集的区域。它是一个不规则的八边形星座，代表着"阿尔戈号"的船帆。在传统星图中，由于"阿尔戈号"的船帆一般都卷绕在主桅上，所以说船帆座其实是缠绕着船帆的桅杆。

　　船帆座、船尾座和船底座共用了一套希腊字母来命名，它的恒星编号是从希腊字母 γ 开始的。其中，船帆座 γ 又名天社一，是船帆座中最亮的星，其视星等约为 1.8 等。船帆座与邻近的船底座形成了一个被称为"假十字"的十字形，有时它被误认为是真正的南十字座，尽管它比南十字座更大更暗。

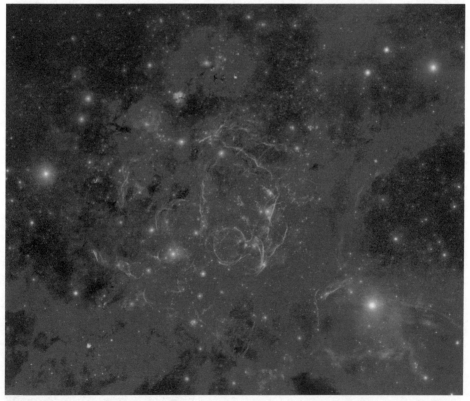

船帆座中的超新星遗迹。在船帆座 γ 的东北方向，有一张散发着微光的气体大网，这实际上是10000 多年前爆发的超新星的残骸。

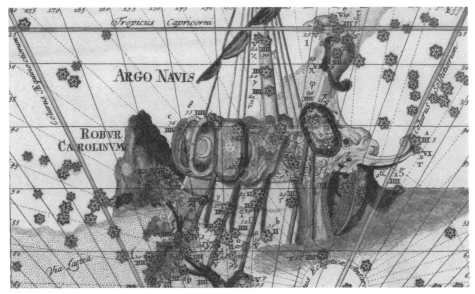

托马斯星图中的南船座。

罗盘座：夜空指南针

　　罗盘座位于船尾座与唧筒座之间，由18世纪法国天文学家拉卡伊命名，象征着航海用的罗盘。罗盘座由三颗星排成一列的恒星组成，是位于银河边缘的一个小星座。

　　罗盘是一种常用的导航工具。在星图中，罗盘座恰好与船尾座相邻。罗盘座 τ 是一颗变星，它由两颗恒星组成，其中的一颗白矮星正在从其较大的伴星身上吸收物质，这就造成这颗白矮星会不可预见地发生爆发，并使其亮度急剧增大。自1890年至1966年都有它的亮度不间断变化的记录。

《波得星图》中的罗盘座。

17 世纪油画中的航海罗盘。图中身着黄橙色衣服的女子正蹲在海图前，她的手里拿着一个罗盘。天空中则是木星的人物形象，一只老鹰正在为她指路。整个画面反映出当时人们对地理、磁学以及海外探险的狂热和兴趣。

在罗盘座的几颗亮星中，罗盘座 α（天狗五）是一颗蓝白色巨星，距离地球 1300 光年，视星等为 3.68 等；罗盘座 β（天狗四）是一颗黄色亚巨星，距离地球 180 光年，视星等为 3.97 等；罗盘座 γ（天狗六）是一颗红巨星，距离地球 99 光年，视星等为 4.01 等。

天鸽座：探路的使者

天鸽座位于天兔座的南边，是一个暗淡的星座。1592 年，它由荷兰航海家普朗修斯创立。而在此之前，这群星星不属于任何一个星座。天鸽座最初被称作"诺亚的鸽子"，指的便是《圣经》中记载的在诺亚方舟上被派出去寻找陆地的那只鸽子。诺亚鸽衔着橄榄枝返回诺亚方舟，最终带回了洪水退去的消息。

在古希腊神话中，也有一只类似的鸽子，它引导"阿尔戈号"远征船安全地穿过了黑海入口处凶险的"撞岩"，帮助英雄们安全地取回了金羊毛。据说其中的"撞岩"就位于今天土耳其的达达尼尔海峡，这两块大岩石在当时经常激烈地碰撞，会将任何过往的船只撞得粉碎。

天鸽座中最亮的星是天鸽座 α（丈人一），在阿拉伯语中是"抓住了的鸽子"的意思。天鸽座中鸽子的身体由天鸽座 β（子二）等组成，天鸽座 μ 则是从猎户星云中被驱逐出来的一颗正在快速移动的五等星。在 15000 年以后，它将成为南极星。

《赫维留星图》中的天鸽座。

诺亚方舟传说中的鸽子。

第 7 章　拜耳家族星座

拜耳家族是一个包括 11 个星座的集团，这些星座囊括了水蛇座、剑鱼座、飞鱼座、天燕座、孔雀座、天鹤座、凤凰座、杜鹃座、印第安座、螺蜓座和苍蝇座。1603 年，拜耳将这些星座纳入他的星图集《测天图》中，从此这些星座为世人所知，因此也被冠名为拜耳家族星座。

1572 年，拜耳出生于德国奥格斯堡东北处约 130 千米的雨村，人们对他的生平知之甚少，只知道他曾在当地的拉丁学校上学，后来在大学里学习哲学和法律，毕业后成为奥格斯堡的一名律师。除了本职工作，拜耳还有其他的爱好，包括数学和考古学等。不过，他最喜爱的以及后来为他带来声誉的是天文学。拜耳对天体在天空中的位置尤其感兴趣，出版了一本名为《测天图》的星图集。

拜耳的《测天图》是在欧洲印刷的第一部有影响的星图集，也是当时最重要的全天星图之一。这份星图集于 1603 年首次在德国的奥格斯堡印刷，后来在 1624 至 1689 年之间先后再版了 8 次。《测天图》是当时欧洲最有影响力的星图集之一，其中所包含的拜耳家族星座被后世的星图集广泛接受。

拜耳家族星座都是靠近南天极附近的星座，这里也是古希腊人和中世纪欧洲人从未见过的天区。这里的大多数星座都是以大航海过程中发现的奇珍异兽和新事物来命名的，包括天堂鸟、变色龙、剑鱼、飞鱼、孔雀、巨嘴鸟、火烈鸟等。因此，有时它们也被称作南天航海星座。

拜耳家族星座的创立要追溯到欧洲早期的大航海活动。在奥斯曼帝国封锁了陆上丝绸之路之后，15 世纪的欧洲人开始沿非洲西海岸向南航行，以开辟通向东方的贸易路线。其中，葡萄牙人最早绕过了好望角，穿越了印度洋到达印度和中国等。随后，西班牙、荷兰和英国等国家也纷纷效仿，欧洲从此进入大航海带来的探索时代。

当时远洋航海的导航技术相当依赖精确的恒星星图，但那时人们对南半球的恒星和它们的位置还不够了解，南天的大片区域甚至没有已知的星座。于是，航海家们便将他们的注意力转向了南半球这片未知的天区。

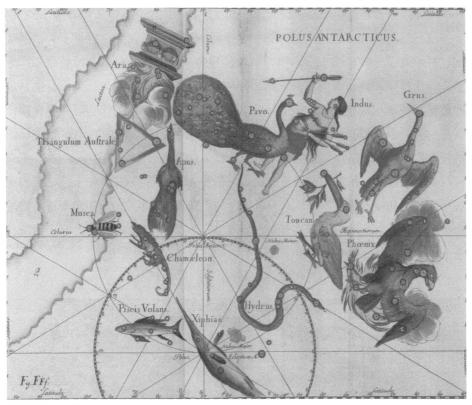

《赫维留星图》中的南天航海星座。

最早尝试绘制南天星图的是意大利人亚美利哥·韦斯普奇（1454 —
1512）。他是一位航海家，也是一位成功的商人，如今的"美洲"（America）
就是以他的名字命名的。亚美利哥曾向葡萄牙国王曼努埃尔一世（1469 —
1521）介绍过他在航行中所观测的恒星星表。但不幸的是，这份星表未能保存下来。

紧随意大利航海家加入了南天星图绘制工作的是荷兰人，他们中有三位在
这一时期非常突出。这三个人分别是彼得勒斯·普朗修斯、皮特·凯泽和弗雷
德里克·德·豪特曼。

其中，普朗修斯曾是荷兰海军远征队的推动者，他参与了荷兰东印度公司
的相关事务。在 1595 年的首次东印度贸易考察中，普朗修斯指示凯泽进行天
文观测，以填补南天极附近没有星座的区域。凯泽在当时先后担任过"迪亚号"

和"毛里求斯号"的领航员，它们都是这次航行中的船只。

这只探险队在马达加斯加停留了几个月，凯泽正是在那里进行了大量的观测，并编制了一份包括 135 颗南方恒星的星表。另一位贡献者豪特曼是东印度群岛荷兰舰队指挥官科内利斯·德·豪特曼（1565 — 1599）的弟弟，也是当时舰队的成员。他曾经独立于凯泽完成了自己的天文观测工作。豪特曼在凯泽观测的基础上，将南天星表中的恒星增加到 303 颗。尽管其中的 107 颗是已知的托勒密恒星，但凯泽和豪特曼还是被公认为这些南天星座的主要创立者。

在普朗修斯、凯泽和豪特曼等航海家的努力下，到了 16 世纪末，全新的南天星图已经初步形成。如今，南天星座中与大航海活动相关的 10 多个星座就是由他们创立的。后来，拜耳在他的《测天图》中首次对这些星座进行了系统、全面的介绍，从而使它们产生了深远的影响，甚至延续到今天。

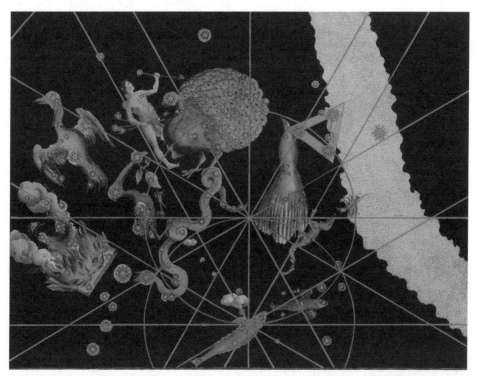

拜耳《测天图》中的南天航海星座。

水蛇座：细长的水蛇

水蛇座位于杜鹃座与山案座之间，是一个靠近南天极的星座。水蛇座是呈锯齿形，或者说是"之"字形的星座，其中的恒星都不太亮。因为这个星座的北面靠近波江座中的亮星水委一，东边有剑鱼座中的大麦哲伦云，西边有杜鹃座中的小麦哲伦云，所以在南半球春天的夜晚想找到它并不难。

水蛇的原型是蛇，所以它很容易与另外一个星座长蛇座混淆。长蛇座创建于古希腊时期，是全天最大的星座。水蛇座比长蛇座小得多，而且与天赤道附近的长蛇座相比，水蛇座则非常靠近南天极。

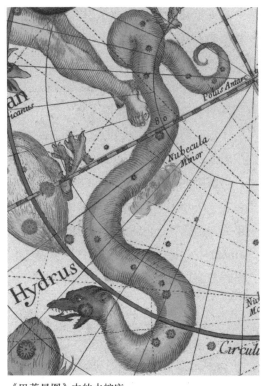

《巴蒂星图》中的水蛇座。

水蛇座中最亮的星是蛇尾一（水蛇座 β），其视星等为 2.8 等。这颗恒星距离地球 24 光年，质量比太阳大 10%。由于它形成的时间比太阳还早，星体内的燃料已经用完并开始膨胀，它最终将会变成一颗红巨星。

《和谐大宇宙》中的水蛇座。

剑鱼座：似箭的长鱼

在船底座的亮星老人星附近有一连串星星，这便是剑鱼座。剑鱼座象征着一种热带海洋生物剑鱼，它也是海中游速最快的鱼类之一。当荷兰探险家最初发现这些大型食肉鱼类追逐飞鱼时，便将剑鱼座安置到飞鱼座旁边的天空中。剑鱼座中最亮的星是剑鱼座 β，这也是天空中最亮的变星之一，其视星等在 3.5 等到 4.1 等之间变化，周期为 9.9 天。

不过在明朝末期，当西方人创立的南天星座传入中国后，其中有些内容并不为中国人所熟悉，比如热带鱼类剑鱼。因此，在中国明清时期相当长的一段时间里，剑鱼座也被称作金鱼座。当然，这或许也与剑鱼座的拼写有关。它的拉丁文学名为"*Dorado*"，源于西班牙语"EL Dorado"。这个单词的本意为"黄金"，引申为"金色"，也就成了金色的大鱼。后来，剑鱼座又有另外一个拉丁文学名"*Xiphias*"，特指一种大型掠食性鱼类，也就是剑旗鱼。所以，在一些星图中，它是吻部细长的剑旗鱼形象，而在年代稍早的星图中鱼的头部则要更圆润一些。

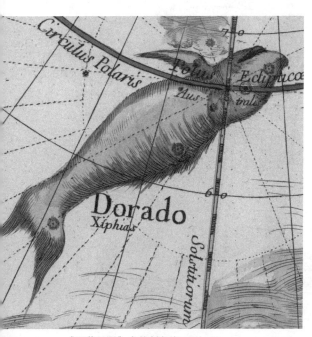

《巴蒂星图》中的剑鱼座。

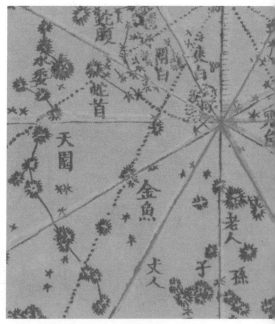

清代《黄道总星图》中的金鱼座。

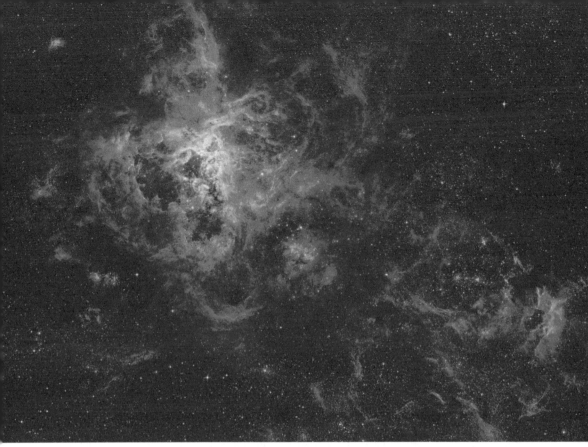

蜘蛛星云 NGC 2070。

　　剑鱼座声名远扬的主要原因是银河系的伴星系大麦哲伦云就位于剑鱼座与山案座这两个星座的交界处，而大麦哲伦云的大部分位于剑鱼座天区内。大麦哲伦云由意大利探险家亚美利哥·韦斯普奇在 1503 年或 1504 年发表的一篇文章中首次正式提到。它的直径为两万光年，凭肉眼就能很容易地观测到。

　　在天空中，大麦哲伦云是一个直径相当于 20 个满月的光团。由于它属于不规则星系，有时也被称为单臂旋涡星系。通过双筒望远镜观测，能看到其中的星体组成了粗棒状结构。在大麦哲伦云的东边，还有一个巨大的蜘蛛星云 NGC 2070，它形似淡红色的蜘蛛。

　　蜘蛛星云中有如同蜘蛛腿一样细长的气态结构，它因此而得名。它也是本星系群中最大的恒星形成区之一，跨越了大约 1000 光年。如果将它挪动到猎户座中 M42 的位置，它将覆盖天空中 30° 的范围，而蜘蛛星云的亮度也可以达到能使其他物体产生影子的程度。

飞鱼座：鱼中小飞侠

飞鱼座位于船底座和南天极之间，是一个面积较小且非常暗淡的南天星座。飞鱼座的原型是一种热带鱼类，这种鱼跃出水面后会张开胸鳍，借此滑行百米以上的距离。有时，这些鱼还会落在船只的甲板上，被船员用来充当食物。这些都给当时欧洲的航海家们留下了深刻的印象。在星图中，飞鱼座似乎正在被紧随身后的剑鱼座所追逐和掠食，就如同现实中发生的那样。

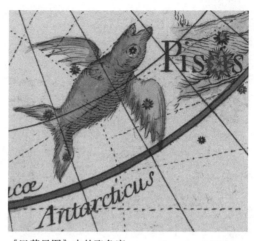

《巴蒂星图》中的飞鱼座。

在飞鱼座中有一个扭曲的星系 NGC 2442，距地球 5000 万光年，两条旋臂从星系中央的棒状结构延伸出来，使它呈现出扭曲的钩状。星系的旁边有一条模糊的尘埃带，包含了年轻的蓝色星团以及略带红色的恒星形成区，它们都围绕在发出黄光的年老恒星核的周围。

飞鱼。

飞鱼座中的 NGC 2442 星系。

《巴蒂星图》中的天燕座。　　　　天堂鸟（又名极乐鸟）。

天燕座：天堂的飞鸟

天燕座位于孔雀座和南三角座之间，由 4 颗暗弱的恒星连在一起形成，其形象是一种热带鸟类。天燕座作为南天极附近的一个小星座，通常被认为象征着巴布亚新几内亚的一种叫天堂鸟的鸟类。不过，这个星座中最明亮的恒星只有 4 等，这与其天堂鸟的头衔似乎极为不符。

事实上，天燕座起初的名称源于希腊语中的"无足"一词。因为这些鸟的很多部位已经被当地的猎捕者取走，所以西方人最初仅仅通过没有脚和翅膀的标本来认识它们。当地居民习惯用它们的羽毛装饰衣服，而且这些羽毛也是与附近岛屿进行贸易的商品。这些鸟的标本被带回欧洲后，引起了人们极大的兴趣。在一段时间里，甚至有人猜测这些长着美丽羽毛的鸟就是传说中的天堂鸟。

到了 17 世纪 50 年代，法国天文学家拉卡伊为了给他新创立的南极座腾挪出足够的区域，将天燕座的鸟尾部分划归了南极座。从此，这只天堂鸟便不幸失去了其最具特色的尾羽，从而与其实际外形产生了极大的偏差。

雅克·林纳德画作《五种感觉和四种元素》（1627年）中的天堂鸟标本。图中天堂鸟的标本头小喙长，而且没有翅膀，取而代之的是色彩鲜艳的羽毛，犹如精美的装饰品。

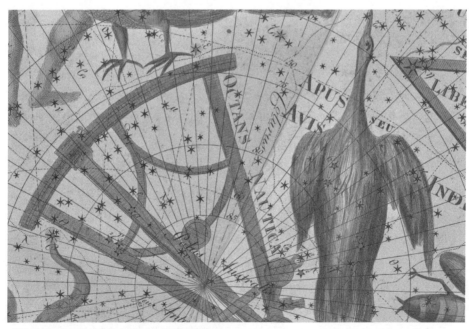

《波得星图》中的天燕座与形似八分仪的南极座。

孔雀座：开屏的孔雀

孔雀座位于望远镜座以南，在天坛座和印第安座之间。这个星座的原型是一只引人注目的孔雀，但事实上它的大多数恒星是一些暗星。在古希腊神话中，天后赫拉用一只神圣的孔雀来牵引自己的马车，而且这只孔雀的尾巴上长着很多眼睛。

人们普遍认为，孔雀座的形象源自当时航海家们在东印度群岛上探索时遇到的一种体形巨大、颜色鲜艳的孔雀，并且可能是具有攻击性的爪哇绿孔雀，而不是公园里常见的蓝孔雀和印度孔雀。在拜耳《测天图》中，孔雀座有一条巨大的尾巴。但是，在后来的星图中，孔雀的尾部被不断修剪，以给位于其北边的、后来新创立的望远镜座腾出足够的空间。

《巴蒂星图》中的孔雀座。

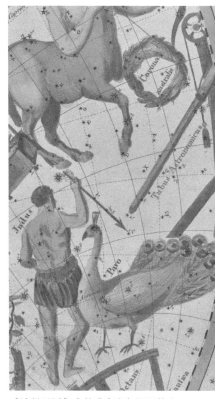

《波得星图》中的孔雀座与望远镜座。

天鹤座：夜空中的仙鹤

天鹤座位于南鱼座和杜鹃座之间。因为它位于南鱼座中的亮星北落师门（南鱼座 α）的南边，阿拉伯人曾经将它归入了南鱼座的一部分。如今，天鹤座中最亮的星是鹤一（天鹤座 α），其视星等为 1.7 等。在整个天鹤座中，4 等以上的星有 9 颗，所以它也是南天相对显眼的星座之一。

天鹤座象征着一种长颈涉禽——鹤，据说可能是印度和东南亚地区的沙鲁斯鹤。这种鹤是鹤类中最大的一种，差不多有 1.8 米高。不过，在一些星图中，天鹤座的名称参考了另一种鸟类——火烈鸟的名字。

天鹤座中有一个旋涡星系 NGC 7424，距离地球大约 4000 万光年。由于它正对着地球，因此我们可以清晰地看到它的旋臂结构。所以，如果从银河系外观测我们所在的星系，就会发现它与 NGC 7424 具有相似的外形。此外，这个星系中的星系核呈短棒状，属于旋涡星系中的棒旋星系。

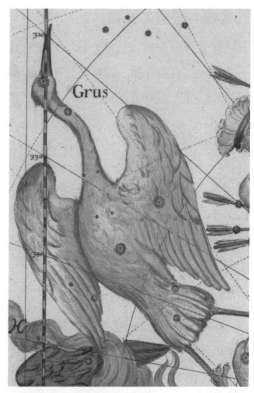

《巴蒂星图》中的天鹤座。

旋涡星系 NGC 7424。

凤凰座：涅槃的神鸟

凤凰座位于玉夫座与杜鹃座之间，象征着从火焰中重生、展翅飞翔的不死鸟。在古希腊神话中，凤凰是一种神鸟，形似一只大鹰，有着红色、蓝色、紫色和金色等不同颜色混合而成的羽毛。

根据奥维德的《变形记》，凤凰习惯在棕榈树顶端筑巢，吃的是香胶和香脂。凤凰能直接从父体内诞生，具有死而不灭、涅槃重生的特性。因此，凤凰的巢穴既是一只凤凰的坟墓，也是另一只凤凰诞生的摇篮。

古人还相信，凤凰的死与再生象征着日出与日落，所以葡萄牙人也称它们为太阳鸟。事实上，许多人，甚至包括法国博物学家皮埃尔·贝隆（1517—1564），都相信凤凰是真实存在的。贝隆在他于1555年出版的《自然史》一

《巴蒂星图》中的凤凰座。

托马斯星图中的凤凰座。

书中曾介绍过这种鸟。所以，在 16 世纪末，凤凰座第一次被纳入天空时，这种鸟的真实性得到了权威的保证，尽管人们从未见过真正的凤凰。

凤凰座中有着很强的射线源，凤凰星系团也是最强大的 X 射线源之一，它距离地球大约 50 亿光年。因此，凤凰星系团中的恒星活动十分活跃。

杜鹃座：巨嘴鸟的遐想

杜鹃座位于凤凰座和天鹤座的南边、水蛇座的西边、波江座中的亮星水委一的西南。最初，杜鹃座代表印度的一种鸟类，被称作印度喜鹊。后来，它的形象转变成生活在中南美洲的巨嘴鸟。

银河与大、小麦哲伦云。

　　在星图中，杜鹃座通常被描绘成喙中衔着一根带有浆果的树枝的巨嘴鸟。该星座中没有特别多的亮星，最亮的恒星是鸟喙一（杜鹃座 α），其视星等为 2.8 等，对应着鸟喙的尖端。

　　杜鹃座有两个特别之处：一是星座中有球状星团杜鹃座 47（又名 NGC 104），这也是可见的球状星团中亮度排名第二的星团，仅次于半人马座 ω（NGC 5139）；二是该星座中还有小麦哲伦云，也称小麦哲伦星系。小麦哲伦云是银河系的两个伴星系中较小的那一个，它距离地球大约 19 万光年。小麦哲伦云的视直径为满月的 7 倍左右，如果通过肉眼观测，它就像从南天银河中分离出来的一个模糊的光斑。

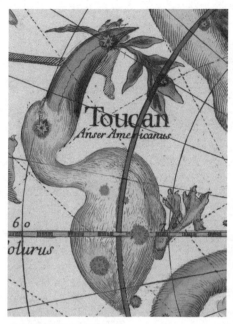

《巴蒂星图》中的杜鹃座。　　　　　　巨嘴鸟。

印第安座：最古老的居民

　　印第安座位于天鹤座与望远镜座之间，象征着一个手持长矛和弓箭的印第安人。不过，这里提到的印第安人到底是指荷兰探险者在东方发现的印度人还是指美洲的原住民，或者是指东印度群岛或非洲南部的本地人，实际上并不清楚，因为当时他们都曾被称为印第安人。

　　在拜耳的《测天图》中，印第安人挥舞着长矛，好像在狩猎。他们的样貌如同印度洋西南地区的马达加斯加人。荷兰舰队曾在那里停留过几个月，并开展了一些天文观测活动，当地居民在当时的欧洲文献中也有记载。印第安座通常被描绘成身穿草裙或缠着腰布、挥舞着长矛的部落男子。对于16~17世纪种族意识强烈的欧洲人来说，这种半裸的形象足以概括他们在探险中发现的奇邦异国的原住民。不过，在以后的一些星图中，人们经常将印第安座描绘成北美洲的印第安土著民族。这个星空中的印第安人不但脚踏南极座，身旁还簇拥着杜鹃、孔雀、天鹤等飞鸟星座。

《巴蒂星图》中的印第安座。

明末清初，西方命名的南天星座传入中国。当时中国人很难理解印第安座，因此便将其译为更熟悉的波斯座。在当时的中国，天燕座被翻译成异雀座，剑鱼座被翻译成金鱼座，凤凰座被翻译成火鸟座。而关于原型是变色龙的蝘蜓座，当时的中国人也不知道该怎么翻译，干脆根据星座连线的形状，直接取名为小斗。就连大麦哲伦云和小麦哲伦云也都被赋予附白和夹白这两个看似高深莫测的名字。

托马斯星图中的印第安座。

明代《赤道南北两总星图》中的波斯座。

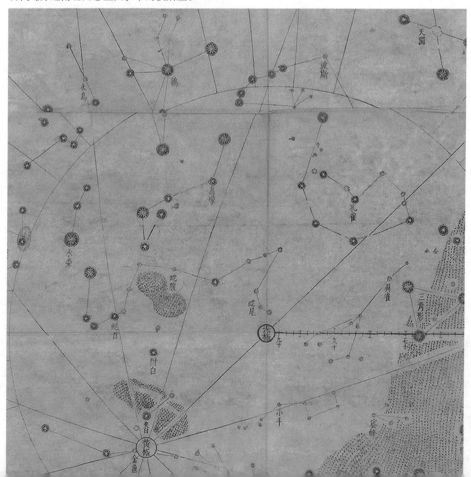

蝘蜓座：奇异的变色龙

蝘蜓座位于苍蝇座、船底座和南极座之间，代表会通过改变体色实现伪装的变色龙。该星座又暗又小，而且没有什么亮星，最亮的恒星的视星等只有4等。

1595年，荷兰舰队在前往东印度群岛的途中停下来休息和补给，他们有可能在那里看到了变色龙，于是根据它的形象创立了一个新的星座。在早些时候的星图中，蝘蜓座被描绘成吐舌捕食的蜥蜴，它捕食的对象就是邻近的苍蝇座。

在蝘蜓座中有一群明亮的星云，其中心是一个包含年轻亮星的反射星云。此外，还有一些黑暗的分子云，它们阻碍了一些从后方传来的星光。这些宇宙尘埃云在南天星空的衬托下呈现出了独特的剪影，而恒星也正在满是尘埃的暗分子云复杂体中形成。

《巴蒂星图》中的蝘蜓座。

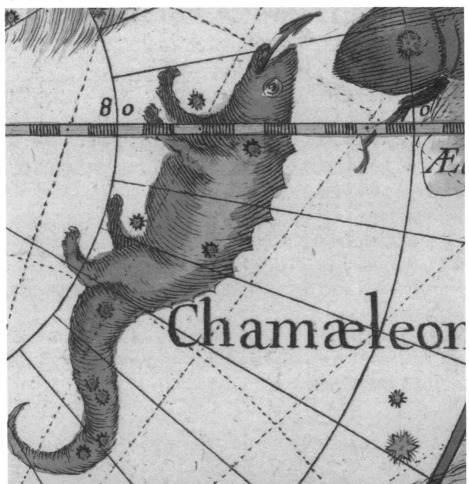

变色龙。

苍蝇座：从益虫到害虫

苍蝇座是南十字座南边的一个小星座，它有两颗亮星，即苍蝇座 α 和苍蝇座 β。它们紧靠在一起闪闪发光，如同一双明亮的眼睛，非常可爱。其中，苍蝇座 α 呈浅蓝色，视星等为 2.7 等，它的亮度在全天亮星中仅排在第 112 位，距离我们 330 光年。观测结果表明，它还是一颗变星，但亮度变化周期很短，只有两个多小时。

苍蝇座其实最开始叫蜜蜂座，而且这个名字被广泛运用了两个多世纪之久。到了 18 世纪 50 年代，蜜蜂座改名为苍蝇座。此外，它曾一度被称作"南苍蝇"，因为当时的天空中还存在着另一只"苍蝇"，那就是位于北天的北蝇座。该星座后来被彻底废弃。

苍蝇座也是目前天空中唯一以昆虫命名的星座，它的恒星其实并不算太暗，但是在银河的映衬下很难分辨。苍蝇座的右边与南十字座的暗星云煤袋星云重叠，这里也被称作麦哲伦斑。

苍蝇座中有一个著名的星云，名为沙漏星云（也称 Mycn18），它距离地球 8000 光年。最初，人们只是将它简单地标示为一个行星状星云。随着太空望远镜和现代化影像处理技术的问世，它在 1995 年才被发现像一个沙漏。沙漏星云的形状是由恒星风的作用造成的，并且形成了对称的复杂结构。科学家们认为，其中心的恒星能源即将耗尽。当燃料耗尽时，这颗类似太阳的恒星的核心就会逐渐冷却，慢慢变成一颗白矮星。

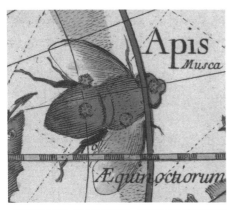

《巴蒂星图》中的苍蝇座。苍蝇座坐落在银河之上，虽然所占天区不大，但还算明亮。

《和谐大宇宙》中的苍蝇座。在一些早期的星图中，苍蝇座实际上作为蜜蜂座而存在，它的形象犹如一只蜜蜂，有时也被画成黄蜂的形象。

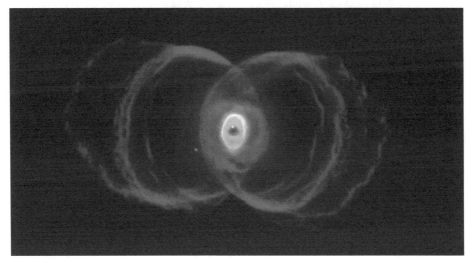

苍蝇座中的沙漏星云。

第8章　拉卡伊家族星座

拉卡伊家族是一个包括 13 个星座的集团，这些星座囊括了矩尺座、圆规座、望远镜座、显微镜座、玉夫座、天炉座、雕具座、时钟座、南极座、山案座、网罟座、绘架座和唧筒座。它们都是由法国天文学家尼古拉·拉卡伊（1713 — 1762）于 1756 年前后命名和创立的。

像拜耳家族一样，拉卡伊家族也是南天极附近的一些星座。拉卡伊是一位坚定的启蒙运动者，为了符合启蒙运动的精神，他没有将神话主题作为这些新星座的名字，而是在科学革命的时代背景下，用科学工具和艺术工具给它们命名。所以，拉卡伊家族基本上诞生于拉卡伊自己的科学考察过程中，与当时的科学革命有着紧密的联系。

古希腊哲学家亚里士多德在其关于地球形状的论著中曾指出，大地上所含有的物质都向中心点坍缩，从而形成一个球体。到了 18 世纪，科学家们已经普遍承认，地球自转所产生的离心力会使地球产生向外的凸起。可是，这个凸起究竟发生在哪个方向上呢？

荷兰科学家惠更斯（1629 — 1695）推测，地球在两极地区是扁平的，所以它的形状应该更像橘子状的扁球体。牛顿引力理论的计算也支持这个假设。不过，法国的笛卡儿（1596 — 1650）不这么认为。当时巴黎天文台台长雅克·卡西尼（1677 — 1756，也就是天文学界中最富声望的卡西尼家族祖孙四代中的第二代）通过从巴黎不断向北测量，发现纬度每增加 1° 时所对应的距离似乎都略有增加，这意味着地球的形状似乎有点接近扁长的柠檬形。哪一种说法正确呢？通过分别对赤道和北极附近区域的测量，惠更斯和牛顿一方获得了毋庸置疑的胜利。地球更像一个橘子，而非柠檬。

大地测量的数据与成果让我们对地球北半球的形状有了更清楚的了解，但是南半球的形状真的和北半球一样吗？18 世纪 50 年代初，法国天文学家拉卡伊带队前往南非，他的主要任务之一就是测量南半球经线的单位弧长。最终，这次测量的结果表明，南半球看起来更为扁长，地球的形状像一枚头小的一方朝下的鸡蛋。但是，这个结果不久以后就被发现是错误的。不过，这次考察的意义依然重大，因为拉卡伊利用这个机会仔细地观测了地球南半球的星空。

拉卡伊于 1713 年出生于法国的鲁米尼，年轻的时候是个学数学和神学的学生，后来当了修道院院长。此后，他专注于科学。通过雅克·卡西尼的帮助，他得到了巴黎天文台的工作。接着，他完成了从南特到巴约内之间的海岸的测量工作，并于 1739 年参加了测量法国子午线弧度的工作。1740 年，他成为法兰西公学院的天文学教授。

1750 年 11 月 21 日，在法国皇家科学院和法国东印度公司的支持下，拉卡伊启程前往南非的好望角，从事南半球经线单位弧长的测量，以及太阳和月球视差的科学调查。同时，他还使用望远镜观测了南天恒星的位置。拉卡伊并非首位描绘南半球星空的天文学家，但这并不影响他在天文学史上的地位。

基于拉卡伊工作绘制的星图。

在 1751 年到 1752 年的这段时间里，拉卡伊用半英寸口径的折射镜观测到了 9800 颗恒星，并记录了它们的位置。同时，他还创立了许多至今仍在使用的新星座。

1754 年，拉卡伊回到法国后，他向法国皇家科学院展示了一张南天星图，其中就包括他自己创立的新星座。这些新星座后来很快就为其他天文学家所接受，并且一直沿用至今。

尼古拉·拉卡伊。

矩尺座：天空三角尺

矩尺座位于天坛座和豺狼座之间，整个星座都沉浸在南天的银河之中。18世纪中叶，法国天文学家拉卡伊创立了这个星座。最初它被称作"角尺与直尺"，象征着制图所用的工具。

矩尺座的面积本来很小，后来它又被划出一部分，使得它的面积更小了一些。拉卡伊原本命名的矩尺座 α 与矩尺座 β 被纳入天蝎座的天区中，分别成为了现在的天蝎座 N 和天蝎座 H。所以，如今矩尺座中的恒星是从 γ 星开始命名的。

因为银河穿越矩尺座，所以这个星座中有很多深空天体。NGC 6087 是矩尺座内最亮的疏散星团之一，它位于该星座的东南角，距离地球约 3500 光年，含有 40 颗 7～11 等的恒星，总亮度为 5.4 等左右。

矩尺座中还有一个奇特的沙普利 1 星云，距离地球大约 2500 光年。这个行星状星云呈现出非常对称的环形结构，看上去就像一个烟圈。

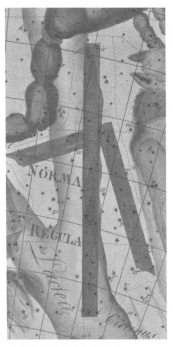

《波得星图》中的矩尺座。

天空中的"烟圈"。

圆规座：度量的圆规

圆规座位于半人马座和南三角座之间。虽然这个星座的外形细小且非常暗淡，但是它在天空中的位置并不难发现，因为它紧挨着全天第三亮的恒星南门二（半人马座 α）。

圆规座中三颗较亮的星构成了一个非常细长的等腰三角形，形似绘图中用于画圆的圆规。在当时，几何学家、绘图员和航海员经常用圆规来画圆和标注距离。圆规座由于被挤压在半人马座的前脚和南三角座之间的狭长天区内，所以它是拉卡伊创立的星座中面积最小的一个，是整个天空中面积第四小的星座。

在圆规座中，亮度大于 5.5 等的恒星有 10 颗，其中还有三等星一颗，即圆规座 α。这颗星呈白色，距地球 56 光年。圆规座中的圆规星系与地球相距 1300 万光年，距离其实不算太远。但是，由于圆规座位于繁星密布的银河背景中，因此直到 20 世纪 70 年代才被发现。这个星系的活动非常活跃，超大质量黑洞组成

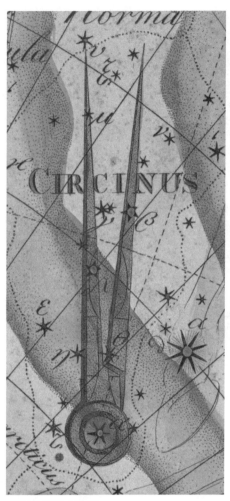

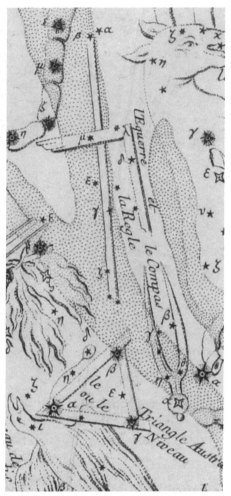

《波得星图》圆规座。

拉卡伊星图中的圆规座。图中的圆规座、矩尺座和南三角座一起，组成了一整套测绘器具。

的明亮星系核产生了大量的辐射。圆规座中有一个壮丽的发射星云 NGC 6164，其中具有巨大而昏暗的物质晕轮。这是其中间的 O 型恒星早期活动时抛出的。

中心的这颗恒星的温度非常高，它发出的紫外辐射会加热周围的云气。这颗恒星自转得很快，就像草坪洒水器旋转洒水一样，不断喷射出物质。根据科学家的推测，再过三四百万年，位于 NGC6164 中心的这颗恒星的生命可能会以超新星爆发的方式终结。

望远镜座：星空千里眼

　　望远镜座位于人马座以南，在印第安座与天坛座之间，象征着由绞车支撑的大型望远镜。该星座中的恒星都是暗星，最亮的恒星的视星等只有 3.5 等。因此，它也是全天最难辨认的星座之一。

　　从星图上看，望远镜座与显微镜座相距得很近。拉卡伊将这两种以光学仪器命名的星座放在一起，象征着放眼宏观宇宙，以及洞察微观世界。不过，望远镜座中的恒星都比较暗淡，实际上它们所排列的形状很难让人将其与望远镜联系在一起。望远镜座在星图中通常呈现为一种长而笨重的折射式望远镜。为了减小镜片产生的色差，当时望远镜的镜筒都比较长，所以镜筒不得不悬挂在非常高的杆子上，就像当时巴黎天文台台长卡西尼（1625 — 1712）所使用的"空气望远镜"一样。

　　最初，拉卡伊曾将望远镜座的范围向北扩展，延伸到射手座和天蝎座之间的区域。但是，在现代星图中，望远镜的镜筒和支架的顶部区域已经被压缩，使得这个星座被限制在人马座和南冕座以南的一个长方形区域内。因此，曾经位于望远镜支架顶部滑轮上的望远镜座 β 如今已经成为了人马座 η。

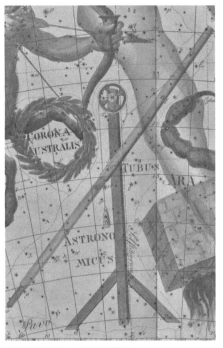

《波得星图》中的望远镜座。

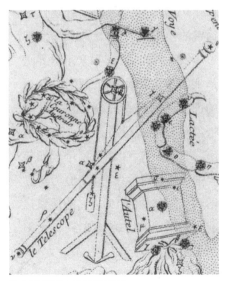

拉卡伊星图中的望远镜座。

显微镜座：洞察微观世界

显微镜座位于人马座和南鱼座之间，是一个暗淡的南天小星座。它是由几颗不明显的恒星组成的矩形结构。星座中最亮的两颗恒星分别是璃瑜增一（显微镜座 γ）和璃瑜增二（显微镜座 ε），它们的视星等均为 4.7 等左右，位于显微镜镜筒的两侧。

显微镜座是为了纪念科学仪器显微镜的发明而创立的。在一些早期星图中，它的形象还是比较原始的显微镜样式，通常被描述为"方形盒子加一根管子"。后来在《波得星图》中，显微镜座的形象中已经添加了一个装有标本的载玻片，更加接近现代显微镜的样式。

2003 年，天文学家用世界上最大的红外望远镜和口径为 10 米的凯克望远镜在显微镜座 AU 附近发现可能有行星存在。显微镜座 AU 是一颗红矮星，是一颗年轻的恒星，年龄只有 1200 万年，不到太阳年龄的 1%。它的质量只有太阳的一半，光度则只有太阳的 1/10。

《波得星图》中的显微镜座。

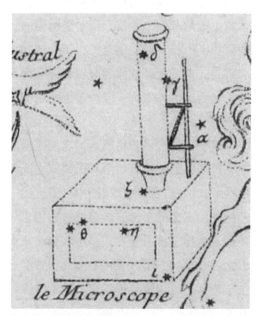

拉卡伊星图中的显微镜座。

由于显微镜座 AU 距离地球只有 33 光年，大约是太阳到最近的恒星的距离的 8 倍，所以可以拍摄到清晰的恒星尘埃盘影像。虽然无法直接拍摄到围绕显微镜座 AU 的年轻行星，但由于引力效应，它无法在我们的面前隐藏起来。

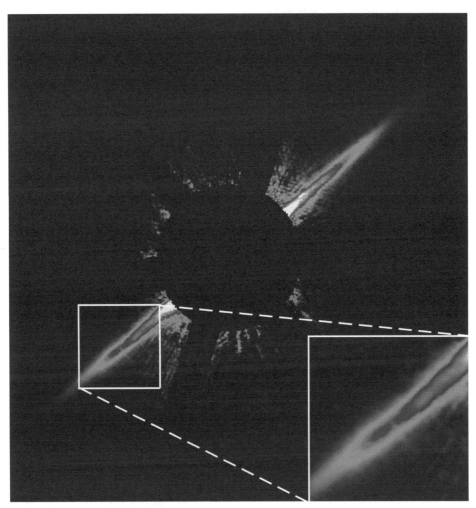

显微镜座 AU 周围的尘埃颗粒。这张照片是由莫纳基亚山上的凯克望远镜拍摄的，来自恒星自身的光线已经被从照片的中心移去。圆盘形状的不规则性表明，在恒星周围的轨道上存在着看不见的行星。

玉夫座：雕刻家的工作室

玉夫座位于鲸鱼座和凤凰座之间，同时毗邻南鱼座，是一个暗淡的南天星座。这个星座中只有一些视星等为4等及以下的恒星，但它位于南鱼座中最亮的北落师门的东边，所以在南半球的夜空中很容易找到。

玉夫座最初的名字是"雕刻家的工作室"，它也是拉卡伊创立的星座中面积最大的一个。在拉卡伊的星图中，它由三脚架和放置在其上的雕刻头像组成，架子旁边还有艺术家使用的木槌，以及大理石块和石块上的两个凿子。

后来，这个星座的名称被简化成"雕刻家"，中文译成"玉夫座"。虽然玉夫座的名称更加典雅，但由于它的发音与御夫座相似，所以二者容易混淆。在《波得星图》中，玉夫座形象中的大理石被舍弃，雕塑家的工具和雕刻的头像也被一起移到了架子的顶部。另外，波得还创建了一个新的星座，即电气机械座来填补此前大理石块所在的天区，不过这个星座未能被正式采纳，最终被舍弃。

由于玉夫座位于恒星密度较低的南银极附近，若在南半球中纬度地区进行观测，当玉夫座升至头顶时，银河就刚好与当地的地平线重合，所以，这片星空并不受银河干扰。如果朝着玉夫座方向观测，可以最大限度地观测到更遥远和更暗弱的河外天体。

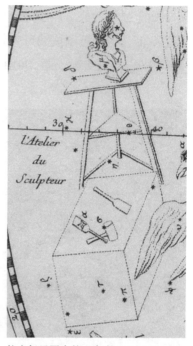

拉卡伊星图中的玉夫座。

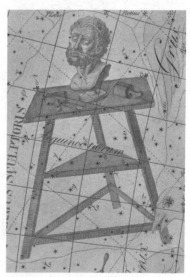

《波得星图》中的玉夫座。

天炉座：化学家的熔炉

天炉座位于鲸鱼座的南边，处于波江座西边的一个转弯处。这个星座中的三颗主要恒星连起来组成了一个开口的"V"形结构。天文学家拉卡伊最初称这个星座为"化学熔炉"，这是当时用来蒸馏物质的一种化学仪器。

据说拉卡伊创立这个星座是为了纪念法国著名化学家拉瓦锡（1743—1794）。拉瓦锡不仅提出了"元素"的定义，他还于1789年发表了第一份现代的化学元素列表，列出了33种元素。此外，他还创立氧化说，以此解释燃烧等实验现象。这些划时代的贡献使得拉瓦锡成为了历史上最伟大的化学家之一，被后世尊为"近代化学之父"。不过，这其实是一个误解，因为拉卡伊创立新的南天星座时，拉瓦锡只有13岁，还没有取得如此多的成就。不过，这也并不妨碍拉卡伊通过这个星座表达他对近代化学这门新兴学科的敬意。

天炉座中的恒星都很暗，不过在天炉座南部有一个星系团，包含一个强大的无线射电源。其中，最突出的是一个名为 NGC 1316 的棒旋星系。这里也是我们能看到的宇宙的最深处之一。

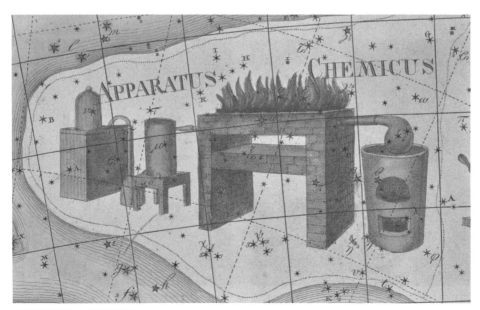

《波得星图》中的天炉座。

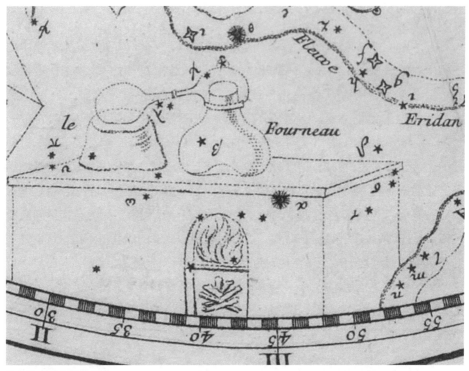

拉卡伊星图中的天炉座。

拉瓦锡与他的妻子，画中的桌子上堆满了各种化学仪器。

天炉座中的棒旋星系 NGC 1316。

雕具座：雕刻师的凿子

雕具座位于波江座与天鸽座之间，是一个很小且暗淡的南天星座。该星座中最亮的恒星是雕具座 α，视星等只有 4.4 等。雕具座最初代表雕刻师使用的凿子，拉卡伊用法语中的"雕刻刀"一词来为这个星座命名。1844 年，英国天文学家约翰·赫歇尔提议，将两者整合成了"雕具"。这一名称后来被正式采纳，并沿用至今。

在星图中，雕具座的形象通常包含两种不同的雕刻工具。其中一种是锋利的冷凿，也叫雕刻刀；另一种是凿针，也就是 17 世纪法国版画家贾克·卡洛特（约 1592 — 1635）发明的蚀刻针。这两种雕刻工具在星图中相互交叉，并用缎带连接在一起。后来，波得在他的星图中又为雕具座的形象加上了两个画线工具，于是呈现为缎带捆绑着四件雕刻工具的形态。

雕具座中最亮的星是雕具座 α，视星等为 4.5 等，距离我们 65 光年。1938 年，天文学家在雕具座中发现了一个矮椭圆星系，它的亮度为太阳光度的 200 万倍，距离我们 26 万光年。

另外，在雕具座与天鸽座的边界附近，有一个编号为 NGC 1792 的星暴星

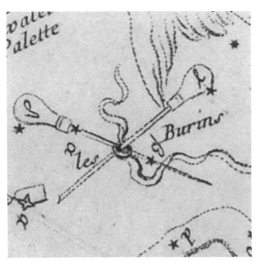

拉卡伊星图中的雕具座，图像由雕刻刀和蚀刻针组成。

《波得星图》中的雕具座。

系。星暴星系是一个星系中由巨型恒星形成的爆发区域，其特征是红外光度明显高于光学光度。像银河系这样的普通星系中也有恒星形成，但形成的速度很慢。在星暴星系中，恒星的形成非常剧烈。若星暴星系能保持稳定，则其内部能以极快的速度产生新的恒星，同时以极快的速度引发超新星爆发。

雕具座中的星暴星系 NGC 1792。

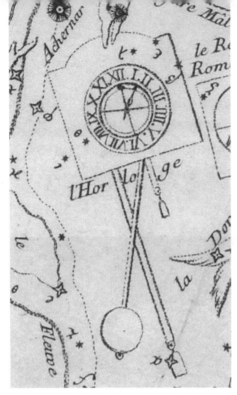

拉卡伊星图中的时钟座。在波江座"下游"的位置，拉卡伊创立了这个星座，将其想象成天文观测中使用的一种摆钟。其中，最亮的时钟座 α 被放在时钟的驱动机构上。

《波得星图》中的时钟座。图中所绘的这种时钟摆锤由约翰·哈里森发明，他曾制作过多款航海钟，通过准确计时解决了海上经度测量问题。

时钟座：空中的大摆钟

时钟座位于波江座、雕具座和网罟座之间，是由一些暗星组成的南天小星座。该星座中最亮的星为时钟座 α，其视星等不超过 3.9 等。这颗星通常象征着时钟中的摆轴。

时钟座被认为象征着一个钟摆式时钟，这也是天文观测中用来计时的重要科学仪器。摆的原理和规律最初由天文学家伽利略发现，后来荷兰科学家克里斯蒂安·惠更斯（1629 — 1695）在 1656 年设计和发明了具有实用价值的摆钟。在星图中，时钟座通常被想象成一个有着完整刻度盘的摆钟，甚至其中还有指针的形象。不过，对于一个星光稀疏的区域来说，这需要人们具有一定的想象力。

在 1801 年的《波得星图》中，波得针对时钟座的外形进行了一些调整，采用了一种九杆网格摆。这种摆锤是由英国钟表匠约翰·哈里森（1693 — 1776）在 1726 年发明的。

在时钟座中，有一个大质量的超星系团，它包含了大约 5000 个星系团。它们分布在时钟座和波江座所在的区域，大约横跨 5.5 亿光年的范围。时钟座中还有一个球状星团 NGC 1261 和棒旋星系 NGC 1512，分别距离我们 53.5 万光年和 30 万光年。

时钟座中的 NGC 1261 和 NGC 1512。

《波得星图》中的南极座。

南极座：南天的八分仪

南极座又称八分仪座，是一个包含南天极的星座，它象征着航海仪器中的反射式八分仪。这种仪器是由英国数学家约翰·哈德利（1682 — 1744）在 1730 年发明的。之所以称为八分仪是因为这种仪器读取观测数据的弧面由 45°的圆弧组成，即圆的八分之一。

航海家利用八分仪上装配的小型望远镜进行观测，通过调整仪器上面的活动臂，使太阳或恒星的反射图像覆盖在圆弧上，此时就可以进行读数。与八分仪的功能类似，还有一种名为六分仪的天文观测仪器，而在星座中也有与之对应的六分仪座。

南极座的形象被当成八分仪，或许与八分仪是用于观测地平高度的航海导航仪器有关。但不幸的是，南天极附近其实没有像北极星那么亮的星。南极座 σ（即南极星）是最靠近南天极、肉眼可见的恒星，它的视星等仅为 5.4 等。尽管它距离南天极只有 1°左右，但对导航来说作用极小。因为这颗星非常暗弱，已经处于肉眼可见的极限附近，用肉眼很难看清它。

相对于视星等为2等的北极星（小熊座α），南极星的亮度是它的1/20，所以在南极很难找到对应的南极星。除此之外，在南天极附近其实还有另外一颗星名为水蛇座β的恒星，它的亮度也要比北极星暗1/3左右。

南极座是南天极所在的位置，这里没有引人注目的天体，但摄影爱好者热衷于利用这里拍摄南天极的星轨，产生视觉上恒星围绕南天极旋转的效果。

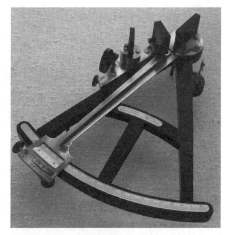

航海家使用的八分仪。

南天极星轨。这张照片拍摄于智利的欧洲南方天文台，右边轨迹上的模糊部分是由麦哲伦云造成的。

山案座：南非的桌山

　　山案座位于大麦哲伦云和南天极之间，比较容易辨认。它是南天极附近的一个小星座，也是最暗的星座之一。其中最亮的星为山案座 α，其视星等仅为5.1 等，这也是山案座中唯一能被肉眼观测到的恒星。

　　山案座的原型是南非开普敦附近的桌山。天文学家拉卡伊为了纪念自己曾于 1751 年至 1752 年在这里为南方星空

《波得星图》中的山案座。

南非的桌山。

进行恒星星表编目而创立了这个星座。这也是拉卡伊所命名的星座中唯一没有使用科学仪器和工具来命名的星座。最初，拉卡伊在 1756 年出版的星图中将这个星座命名为法文中的"桌山"，后来它又被调整为拉丁化的名称"山案"。

山案座包含大麦哲伦云的一部分。大麦哲伦云自剑鱼座向南延伸至山案座，其中大约 1/3 的区域位于山案座内。大麦哲伦云让山案座看起来就像被一片白云覆盖着，如同桌山顶上常年笼罩着的云雾。在《波得星图》中，山案座的旁边绘有标注着"Nubecula Major"的大麦哲伦云。

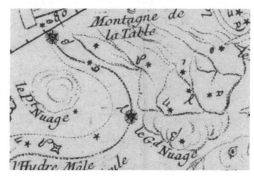

拉卡伊星图中的山案座。图中山案座的山峰看起来是颠倒的。星座下方标注有"Gd Nuage"的位置和左方标注有"Pt. Nuage"的位置分别是大麦哲伦云和小麦哲伦云。

网罟座：望远镜十字丝

网罟座位于时钟座与水蛇座之间，也是位于大麦哲伦云附近的一个小星座。该星座中的几颗主要恒星构成了一个菱形结构，这让人联想到了十字丝。为了纪念在天文观测中发挥重要作用的望远镜目镜瞄准网（即十字丝），拉卡伊创立了这个星座。将这种十字丝插入目镜后，就可以更好地判断恒星穿过视场时的位置，大大提高了测定恒星位置时的精度。这个并不起眼的十字丝曾帮助拉卡伊确定恒星的精确位置。

其实，在网罟座被创立之前，这里原先有一个菱形的星座，被称为菱形座。这个星座于 1621 年由德国天文学家伊萨克·哈布雷希特二世（1589 — 1633）最早绘制在天球仪上。后来，拉卡伊以望远镜中的十字丝的形象取代了它。

此外，UFO 迷或许会对网罟座非常感兴趣，因为据说广为人知的"小灰人"就来自所谓的泽塔星，而这个泽塔星就是网罟座 ζ。另外，网罟座 α 是一颗双星，其中有一颗视星等为 3.4 等的黄巨星。通过天文望远镜，还能观测到一颗视星等约为 12 等的红矮星。

网罟座中的棒旋星系 NGC 1313 距离我们 1500 万光年。因为和邻近的星系发生了碰撞，所以它看上去显得混乱。其中，蓝色的大质量新星照亮了这个区域，而 NGC 1313 内部的恒星形成区域看起来如此狂暴，以致它被认为是一个星暴星系。这个星系还有一些奇怪的特征，它具有不对称的旋臂，并且其转轴不在核心棒的中心。

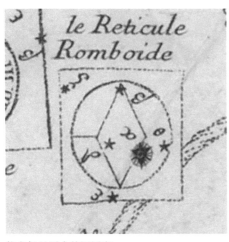

拉卡伊星图中的网罟座。

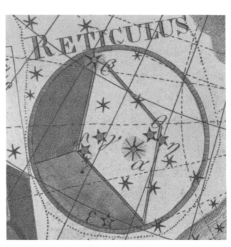

《波得星图》中的网罟座。

早期星图中的菱形座。图中间位置有哈布雷希特二世创立的菱形座，它其实要比拉卡伊创立的网罟座大得多。

网罟座中的棒旋星系 NGC 1313。这个星系的形态四散，活动剧烈，使人怀疑它曾和什么东西发生过相互作用，或许它的背后藏着另一个星系。

绘架座：画家的绘画架

绘架座位于船底座中的老人星和剑鱼座中的大麦哲伦云之间，被描绘成画家使用的画架。由于这个星座中的恒星都是一些暗星，根据星星的连线，其实很难想象出真实画架的样子。

绘架座是一个代表技术和艺术装置的星座，拉卡伊最初将其命名为"画架和调色板"，后来它的名字又历经了一些调整。1844 年，英国天文学家约翰·赫歇尔提议，将它的名称调整为"绘架"，自此它便正式有了绘架座这个名称。

绘架座中最亮的恒星是绘架座 α，这是一颗白巨星，距离地球 56 光年，其视星等为 3.27 等。绘架座 β 距离地球 62 光年，其视星等为 3.85 等。据估计，它的年龄约为 2 亿年，其周围还围绕着行星盘。这个行星盘非常巨大，直径超过 1500 个天文单位（约 2250 亿千米），其中的物质质量达到了太阳质量的 1.5 倍。这个行星盘一旦稳定下来，这里就将形成一个全新的行星系统。

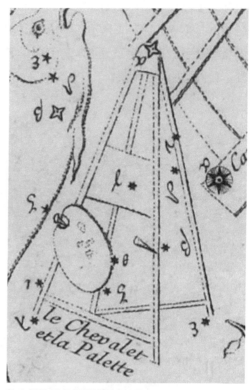

拉卡伊星图中的绘架座。

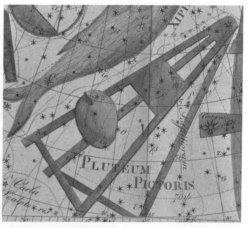

《波得星图》中的绘架座。

艺术家想象的绘架座 β 及其周围的尘埃气体盘。

唧筒座：伟大的抽气筒

唧筒座位于长蛇座和船帆座之间，是一个暗淡的南天星座，其中最亮的星的视星等只有 4 等。该星座是为了纪念法国物理学家丹尼斯·帕潘（1647 — 1712）发明的气泵而创立的。这是一种带有安全阀的蒸煮器，也是压力锅的前身。也可以说，拉卡伊创立的这个星座代表物理和化学实验中抽真空用的一种器具，象征着当时迅猛发展的实验物理学。虽然拉卡伊最初在描述这个星座时将其称作"抽气机械"，但是后来它的名字就演变成了代表抽气泵的唧筒座。

在帕潘发明用于真空实验的单缸泵之后，他于 1675 年从巴黎搬到伦敦，成为了英国化学家波义耳的助手。在和波义耳一起工作期间，帕潘还发明了更高效的双缸泵，并于 1679 年向英国皇家学会报告了他的这项发明。在《波得星图》中，唧筒座的形象就是这种经过改进的结构更为复杂的双缸泵。

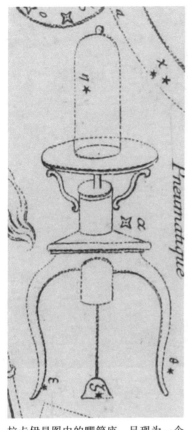

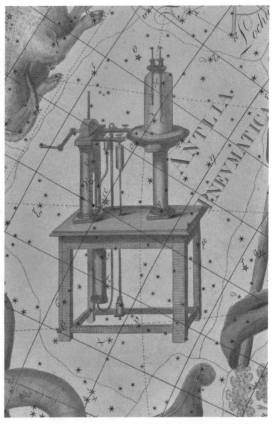

拉卡伊星图中的唧筒座，呈现为一个用于抽空玻璃罐的单缸泵。

《波得星图》中的唧筒座。唧筒座只有4等以下的星星，无论是寻找它们还是想象出唧筒的样子都比较困难。

  1768 年，英国画家约瑟夫·莱特（1734 — 1797）创作了著名的画作《空气泵中的鸟》这幅画作展示了当时的空气泵实验。在 18 世纪，空气泵不仅是实验器具，同时也是富人们的科学玩具。画中的科学家通过实验演示了鸟儿在真空中的反映，画中还细致地刻画出了观看实验的儿童呈现出的惊恐表情。

  唧筒座中最亮的恒星是唧筒座 α，其视星等为 4.25 等。它是一颗红巨星，距离我们 280 光年。唧筒座中还有一个著名的星系 NGC 2997，它有一个明亮的星系核，外面被椭圆形薄雾笼罩着。NGC 2997 属于大型旋涡星系，有着独特的旋臂结构，非常漂亮。如今，它正以 1100 千米 / 秒的速度远离我们。

《空气泵中的鸟》。

唧筒座中的旋涡星系 NGC 2997。

下篇　被遗忘的星座

　　不同民族和地区都有自己的星座划分方式和传说，其中常见的就是以人物、动物以及器物等来命名星座。天上所见的各种星座其实都是人们想象的产物。于是，也有人不断地尝试调整天空中星座的布局，以致历史上出现了许多不同的星座。特别是在 17 世纪至 18 世纪，在这个天体测绘的全盛时期，许多全新的星座相继出现。当然，它们中的相当一部分后来被人们抛弃了，消失在了历史长河中。

　　新星座的创立通常是为了纪念某些特定的人物或事件。有些天文学家出于私心，引入了不少明显有功利性的星座。他们通过将这些星座献给国王或王公贵族，赞美或恭维当权者，以换取个人的锦绣前程。还有一些天文学家出于他们的民族立场，在天空中肆意地抒发爱国主义情怀。即使英国的哈雷、法国的拉兰德以及德国的波得等这些伟大的天文学家也没能摆脱俗套。此外，人们还将星空和宗教联系在一起，比如德国天文学家尤利乌斯·席勒（约 1580 — 1627）创立了基督化的星座。尽管这些星图的绘制水平确实很高，但由于受到其他天文学家的抵制，因此它们没有被广泛接受。

　　除此之外，天空中还在不断地添加以各种动物或仪器命名的星座。作为后来者，这些星座很难被分配到较亮的恒星。它们大多晦暗不已，难以辨识，也很难与周围的星座协调。随着时代的变迁，它们已不再为人们所接受。

　　1930 年前后，全世界的天文学家们齐聚一堂，通过商议最终确定了 88 个正式的星座，并一直沿用到今天。如今，星空中这个全新的格局才刚刚经过了不到一个世纪的时间，在世界范围内还继续流传着许多由当地的神话传说、风俗习惯、历史文化孕育而出的独特星座。人们在星空中想象着它们，描绘着它们的身影，想必这会让星空更加富有乐趣，变得更加多姿多彩。

　　在 1627 年出版的席勒星图集中，我们很容易发现其内容受到了拜耳《测天图》的影响。特别是星座的排列顺序基本上和拜耳的一样，尽管它的图版尺

▶ 席勒星图中的圣斯蒂芬和诺亚方舟。

星图中的神话、人物与器物。

寸要稍小一些。然而，在席勒的星图中，星座的形象完全发生了改变。例如，仙王座变成了基督教历史上的首位殉道者圣斯蒂芬，而南船座则变成了诺亚方舟。有关席勒的生平信息并不是太多，他很可能是一位著名的天主教人物，与拜耳一同在奥格斯堡从事法律工作。同时，他也是一名业余天文学家。席勒根据《圣经》的内容重新命名了所有的星座。在这些星座中，新约中的人物被用来描绘北天星座，旧约中的人物被用来描绘南天星座，而黄道十二星座则由耶稣的十二使徒命名。

第 9 章　悲情动物和人物

猫座

在满天繁星中，与狗有关的星座就有三个，分别是大犬座、小犬座和猎犬座。不过，天空似乎对它们的竞争对手猫不怎么友好，因为猫的官方星座只有一个天猫座。

尽管如此，这还是一个"冒牌货"。由于天猫的原型其实是猞猁，它虽然是猫科动物，外形似猫，但体形粗壮，尾巴极短，是一种比猫大得多的中型猛兽，毫无猫的温顺与可爱。

人类对猫的喜爱由来已久，古埃及人就十分崇拜猫。因为猫能够捕杀蝎子、蛇和鼠等危害人类的动物，所以在古埃及的塑像和壁画中，猫经常被当作守护者供奉。在古埃及神话中，守护女神贝斯特就是猫的形象，同时她也代表着家庭幸福和美满。

《波得星图》中的猫座。

古埃及《亡灵书》中的猫。

　　事实上，法国天文学家拉兰德（1732 — 1807）曾在巨蛇座附近创立过一个真正的"猫座"。据说拉兰德是个不折不扣的"猫奴"，他时常在喝得醉醺醺的时候给他的朋友波得写信。拉兰德希望能够创立一些新的星座，而猫座就是他的奇想之一。他在信中写道："我在南船座和巨爵座之间加上了一个新星座，那就是猫座。我非常喜欢猫这种动物，想把它绘制到星图上。因为在追踪了满天繁星之后，我已经累得筋疲力尽了，现在是时候好好享受一下快乐了。"

　　猫座由一些暗弱的恒星组成，其中最亮的星也只有 5 等。1799 年，拉兰德给这个形象起了个名字叫费利斯，以弥补天空中没有猫的遗憾。德国天文学家波得因为欣赏拉兰德的工作，决定将它纳入自己的星图中，猫座从此传开。在阐述猫座的起源时，波得还提到："这个星座近来由拉兰德提出，他旨在填补

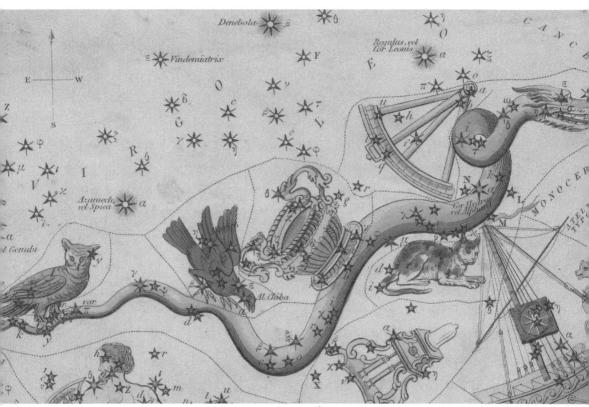

《天空之镜》中的猫座。猫座位于长蛇座的下方，靠近南船座和唧筒座。

长蛇座颈部以南的空白区域。"

　　尽管在欧洲有很多猫座的粉丝，但到了 20 世纪，人们对它的热情开始消退。事实上，自从 19 世纪末以来，大多数制图者似乎不愿意采用拉兰德的猫座，它逐渐从许多星图上消失。1928 年，当国际天文学联合会（IAU）确定现代星座标准时，猫座最终被取消，它的恒星也被纳入了长蛇座、唧筒座和罗盘座当中。

　　虽然猫座已经消失在了夜空中，但猫咪的魅力依旧不减，我们仍然可以在天空中找到它微弱的痕迹。2018 年，国际天文学联合会再一次将以前猫座内的一颗星 —— 标号为 HR 3923 的五等星命名为费利斯，以此纪念拉兰德曾经创立的猫座。

公鸡座

狗充斥着我们的星空，但是还有一种动物与猫一样，似乎同样不被天文学家们待见，那就是鸡。不知道是不是因为担心天上已经有了太多的狗，若再加上一只鸡，就会把天空弄得"鸡飞狗跳"？然而，1612年荷兰航海家普朗修斯尝试将公鸡纳入星图中。

公鸡座位于天球赤道以南和南船座以北的银河之中。这个星座原本会在人们的记忆中迅速消失，但是在普朗修斯创立公鸡座12年之后，德国天文学家雅各布·巴尔奇出版了一部颇有影响力的著作，其中的星图包含鹿豹座、麒麟座、约旦河座、底格里斯河座、蜜蜂座和公鸡座这6种新创立不久的星座。

巴尔奇是天文学家开普勒的女婿，他曾整理过开普勒的遗著《开普勒之梦》，这本书也被认为是最早的科幻著作。在这本书中，开普勒不仅讨论了与月亮有关的天文学方面的内容，而且以梦境的形式展开了他的月球幻想之旅。开普勒甚至还认为，月亮上存在生命，月亮上的居民生在土里，长在土里，他们长得很快，但生命也很短暂。

巴尔奇不仅是一位天文学家，而且是一个热衷于在《圣经》中寻找与星座有关的蛛丝马迹的人。他曾在书中写道，圣徒彼得不认耶稣之后，鸡群就出现了。这其实和《圣经》中"彼得三次不认主"

《和谐大宇宙》中的公鸡座。

的故事有关。

　　彼得是耶稣的门徒，当耶稣成为阶下囚后，有人指认他是耶稣的同伙。但正如耶稣所预言，彼得连续三次矢口否认。耶稣给了彼得一个鸡叫的信号，耶稣预言说"今夜鸡叫以前，你要三次不认我"。彼得听到这个信号后，就想起了耶稣的预言，随即痛哭不已。

　　将公鸡座和《圣经》联系起来的想法是不是普朗修斯当初的意图，我们已经不得而知。不过，巴尔奇将公鸡座解释为叫醒彼得的那只公鸡，可能与这个星座的位置有关。在 16 世纪早期，公鸡座下方的南船座常被解释为诺亚方舟。

当时，一些制图师也尝试用各种圣经人物将附近的星座与之附会。例如，旁边新创立的天鸽座最初也叫诺亚鸽座，被认为是诺亚方舟神话中报告洪水退去的那只鸽子。公鸡座由于被安置在南船座的尾部，也有一些人认为它完全是多余的。后来，波兰天文学家赫维留将它归入了南船座，这个星座随后也就被人们所遗忘。

　　《彗星概览》记录了历史上出现的 400 多次彗星，其中很多内容都基于当时欧洲各地的彗星观测。在这幅精美的版画中，大彗星位于麒麟座的下方，这里正好是紧邻大犬座的公鸡座。

《彼得三次不认主》油画。

北蝇座

星空是充满浪漫情调的地方，很难想象在俊男美女云集的星座世界里，居然还有令人讨厌的苍蝇嗡嗡声。为何天文学家要把苍蝇放置到天空中呢？其实，星空中的苍蝇还不止一只。除了南半球的苍蝇座之外，北半球曾有过一个北蝇座。起初它们都是蜂类昆虫，却阴错阳差地成了苍蝇。

北蝇座由 4 颗明亮的恒星组成，其形成过程有着相当复杂的历史，而且这个星座的象征意义着实有些令人费解。

《波得星图》中的白羊座与北蝇座，北蝇座位于白羊座的上方。

拜耳《测天图》中的白羊座。白羊星座背后有 4 颗未确定的恒星，它们组成了后来被命名的北蝇座。

在北蝇座存在的两个多世纪中，它经历了多次形象上的变化。

这个位于白羊座和英仙座之间的星座源自普朗修斯于1612年创立的蜜蜂座。他将托勒密《天文学大成》中记载的位于白羊座背后的4颗未分配的恒星划归其中。到了1624年，德国天文学家巴尔奇将其替代为黄蜂的形象。

在北蝇座创建半个世纪以

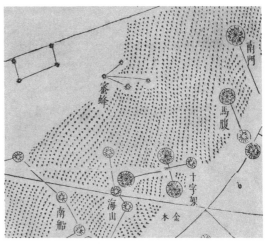

明崇祯年间《赤道南北两总星图》中的蜜蜂座。

▲ 《天空之镜》中的白羊座和北蝇座，白羊座背后的北蝇座已经从蜜蜂转成了苍蝇的形象。
下页图：巴蒂星图中的白羊座和百合花座。

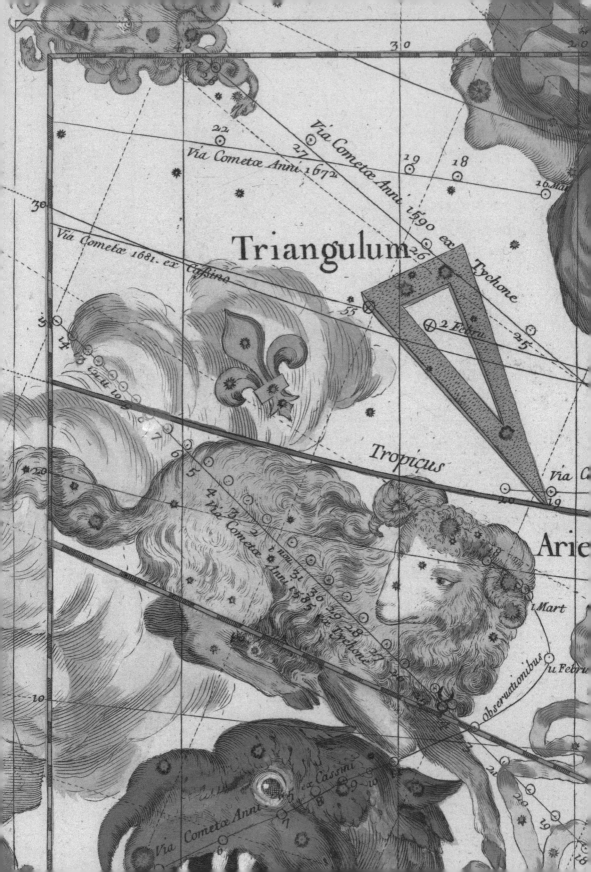

后，法国天文学家巴蒂和奥古斯丁·罗耶又将这些恒星改造成了百合花座。1690 年，波兰天文学家赫维留再次将它变成了昆虫。不过，这一次他采用了苍蝇的形象，称其为北蝇座，使其与当时南半球的另一只蜜蜂（南蝇座）相区别。后来，北蝇座被废弃，最终消失在天空中。而作为南天星座之一的蜜蜂座在18 世纪也被法国天文学家拉卡伊改造成继任的苍蝇座。

苍蝇座位于南十字座和半人马座以南、蝘蜓座以北，浸没在船底座与圆规座之间的银河中。此前它被称作蜜蜂座，在中国明代星图中还能看到"蜜蜂座"这个译名。

1674 年，法国天文学家巴蒂出版了一部星图集。其中，北蝇座的 4 颗星已经变成了象征法国王室的百合花，但是巴蒂并没有给它们命名。又过了 5 年，另一个法国人洛瓦伊首次使用了"百合花座"这个名称。同时，他还将恒星的数量增加至 7 颗，使得百合花的面积比以前更大。百合花的装饰来源于古代法国皇家的纹章元素。自从法兰克王国奠基人克洛维一世（466 — 511）以来，百合花就与法国皇室联系在了一起。据说克洛维一世在妻子的支持下皈依了天主教，他在公元 496 年的圣诞节接受洗礼时被赠予一朵百合花，以此象征圣洁的君主制与纯洁的基督教相结合。

直到 19 世纪，北蝇座依然是天文学著作和星图中常见的一个星座。但从 19 世纪后半期开始，它便逐渐在各种星图中消失。1922 年，在第一届国际天文学联合会大会上，北蝇座被列入了废弃星座的名单中，其后正式成为白羊座的一部分。

法国波旁王朝旗帜上的百合花。

驯鹿座

驯鹿座是由法国人皮埃尔－查尔斯·勒·蒙尼尔（1715 — 1799）创立的星座，它曾是仙王座和鹿豹座之间的一个小星座。

在勒·蒙尼尔绘制的一张星图中，他标注出了 1742 年彗星穿过北天极区域时的景象。于是，他以此为灵感，在彗星经过的路线上设置了一个全新的星座，以此来纪念法国数学家皮埃尔－路易斯·莫雷奥·德莫佩蒂（1698 — 1759）。

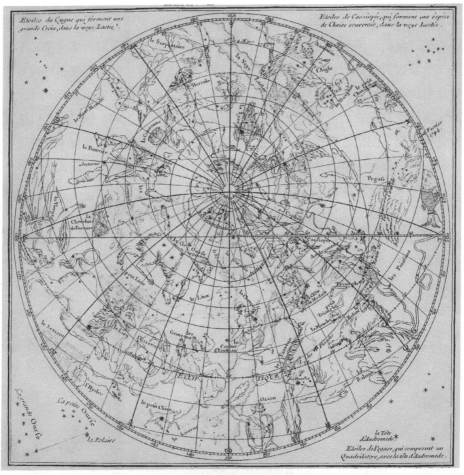

勒·蒙尼尔星图中的 1742 年彗星轨迹。图中上方至中部的虚线标出了彗星的弧形轨迹，在彗星靠近北天极的位置则标注有 "le Réene"，这就是当时新创立的驯鹿座。

这就是驯鹿座。1736—1737年，他们曾一起经历了拉普兰的科学考察之旅。

17世纪30年代，德莫佩蒂受命率领一支探险队前往北欧的拉普兰，以考察地球的真实形状。尽管在古代西方，人们早就形成了地球是球形的概念，但是地球实际上并不是一个标准球体。到了18世纪，科学家们已经普遍认识到，地球自转所产生的离心力会使地球产生向外的凸起。

然而，地球的凸起究竟出现在哪个方向上呢？地球应该更像一个橘子，还是更像一个柠檬？这就需要依靠精确的天文大地测量数据。近代的第一次子午线弧测量工作是由法国天文学家让·皮卡德（1620—1682）负责完成的。随后，法国又进行了多次类似的测量活动，包括向北极圈附近的拉普兰地区派出探险队。为了纪念这次重要的科考活动，勒·蒙尼尔选择了沿途最具特色的动物驯鹿作为新的星座形象。

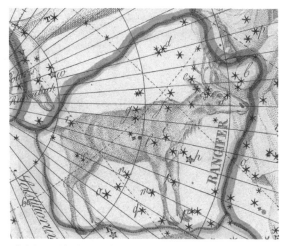

《波得星图》中的驯鹿座。

德莫佩蒂的肖像画。德莫佩蒂戴着皮帽子，用手推着地球仪。地球仪的形状也显示出了他的测量结果，表明地球是扁圆形的。图的下方绘有驯鹿拉着雪橇的场景，寓意着他曾经的经历，那就是远征斯堪的纳维亚半岛北部拉普兰地区的科考活动。

驯鹿。

他起初以法语命名了驯鹿座,后来波得又给它起了一个相应的拉丁文名。不过,随着驯鹿座被人们所废弃,现在这两个名称也都湮灭在历史长河中。驯鹿是生活在北欧、北美以及西伯利亚地区的一种鹿。它们通常生活在包括极地和森林在内的不同栖息地上,也见于中国大兴安岭东北部林区。驯鹿的长角分叉繁复,有时甚至会多达 30 个分叉。宽大的鹿蹄可使它们避免陷入雪地中,极短的尾巴可以避免热量流失。

在 19 世纪的大部分时间里,尽管驯鹿座广为流传,但其影响力开始逐渐减弱。到了 19 世纪五六十年代,越来越多的星图将驯鹿座排除在外。19 世纪末,它已经基本上消失在了人们的视野中。

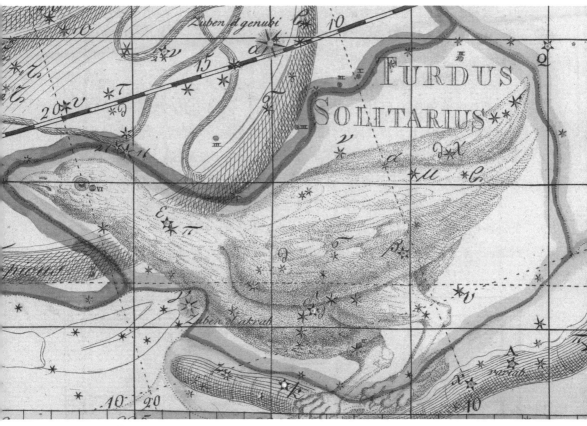

《波得星图》中的画眉座。

画眉座

1776 年，法国天文学家勒·蒙尼尔在他的一篇论文中介绍了画眉座这个"变幻莫测"的星座。然而，这也注定它是一个失败的星座。

据勒·蒙尼尔自己的描述，他创立这个星座是为了纪念法国天文学家亚历山大·盖伊·潘格雷（1711 — 1796）。在 1761 年金星凌日期间，潘格雷参加了法国皇家天文台组织的科考活动，前往马达加斯加附近的罗德里格斯岛开展天文观测活动。

据说潘格雷在岛上捕猎过类似渡渡鸟的鸟类，这是一种不会飞的鸟，在当时已经濒临灭绝。因为勒·蒙尼尔并没有见过这种鸟，所以他用一种名为蓝矶鸫（*Monticola solitarius*）的鸟的形象代替，于是在星图上描绘出了这种与画眉相似的鸟。这就是所谓的画眉座。

后来，英国科学家托马斯·扬（1773 — 1829）将它重新命名为知更鸟座。不久，英国天文学家亚历山大·贾米森（1782 — 1850）在他于1822年出版的星图中，用一只长耳猫头鹰重塑了这个星座的形象。长耳猫头鹰又名长耳鸮，喜欢栖息在阔叶树和针叶乔木的高枝上，常见于北半球地区。也许在天文学家看来，猫头鹰这样的"夜猫子"才能更好地与天文学家的职业相匹配。

在勒·蒙尼尔创立画眉座时，其原型几乎已经灭绝了，而画眉座似乎也未能逃脱同样的命运，最终变成了天空中被人遗忘的星座。在现代星座中，原先画眉座所在的区域已经被并入了室女座、天秤座和长蛇座之中。

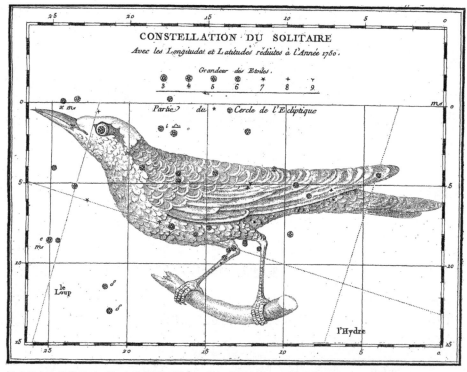

《法国皇家科学院院刊》中绘制的画眉座，勒·蒙尼尔在画眉座中标注出了22颗恒星。

尼古拉斯·福丁星图中的画眉座。画眉座位于长蛇座的末端，它与天秤座的南面重叠在一起，这也给星图的绘制工作带来了一定的麻烦。

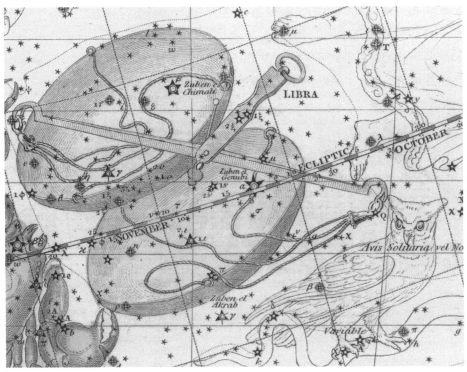

亚历山大·贾米森星图中的画眉座。贾米森调整了鸟头的方向，使其朝向室女座的一边，从而避免了对天秤座图像的干扰。

地狱犬座

地狱犬座由 4 颗恒星组成，源自古希腊神话中守护地狱之门的三头怪地狱犬，它与大力神赫拉克勒斯的传说有关。赫拉克勒斯是天神宙斯与阿尔克墨涅的儿子。由于他是宙斯的私生子，所以激起了天后赫拉的妒火。

赫拉为了刁难赫拉克勒斯，让他去执行十二项非常危险且难以完成的任务，其中最后一项也是最危险的一项任务，便是制服地狱犬刻耳柏洛斯。赫拉克勒斯到了冥界之后，徒手制服了这个可怕的怪物，

《波得星图》中的武仙座与地狱犬座。

将它从黑暗的冥界带到了人间。为了纪念这一神话中的壮举，波兰天文学家赫维留在星图中创立了地狱犬座，描绘了赫拉克勒斯伸手掐住地狱犬的情形。

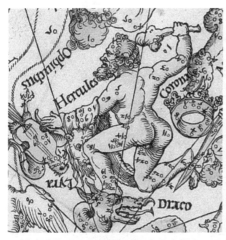

16 世纪丢勒星图和阿皮安星图中的武仙座，图中大力神赫拉克勒斯正在用棍棒击打涅墨亚食人狮。

可以说，地狱犬座与武仙座之间有着密不可分的联系。起初，武仙座只是一个穿盔甲的传统武士形象。后来，人们将赫拉克勒斯十二项任务中铲除涅墨亚食人狮并剥下兽皮的故事融入了武仙座的形象。再后来，人们又将武仙座的形象与他的另一项任务 —— 摘取赫斯珀里得斯金苹果的故事相结合。于是，武仙座中赫拉克勒斯的形象也从击杀狮子转变为手持苹果树枝。

在赫维留的星图中，苹果树枝被替换为地狱犬。于是，天空中便多了一个地狱犬座。尽管在神话中地狱犬是一条三头犬，但赫维留和后来的大多数星图绘制者只是用三个蛇头来展现它。此外，由于赫维留星图采用了俯视的上帝视角，与拜耳等人的星座图像相比，呈现出了与之镜像对称的特点。

1721年左右，天文学家埃德蒙·哈雷的朋友、英国制图师和雕刻家约翰·塞尼克斯（1678 — 1740）尝试了一种折中方案。他将武仙座手握苹果树枝和手掐地狱犬的形象组合在一起，形成了新的地狱犬座形象。

尽管这样的设计在内容上看起来有点"七拼八凑"，但毕竟能将赫拉克勒斯与食人狮、金苹果和地狱犬等多个故事整合在一起，更好地反映了这个人物的特征与功绩。不过，到了19世纪末，这个从武仙座中分离出来的地狱犬座开始没落，逐渐消失在星图中。

17世纪初拜耳《测天图》中的武仙座。图中赫拉克勒斯身披狮皮，他用一只手持棍棒，另一只手握着苹果树枝。星图中的苹果树枝共由10颗星组成。

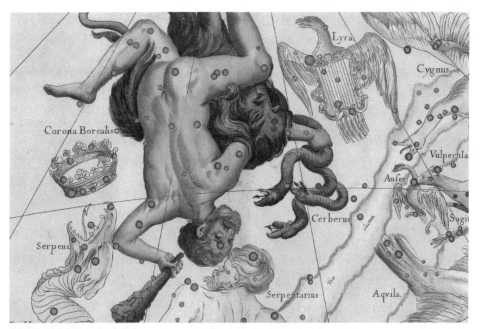

赫维留星图中的武仙座。

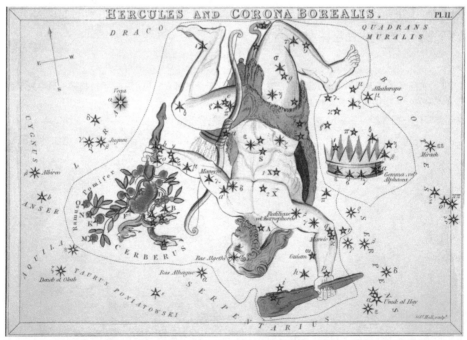

《天空之镜》中的武仙座。赫拉克勒斯身披狮皮，手持棍棒，同时手握苹果树枝和地狱犬。

安提诺座

安提诺座是一个非常古老的星座，它源于古罗马哈德良皇帝时期的一个真实人物安提诺乌斯，他有着非常传奇的故事。公元110年，安提诺乌斯出生于拜特纳镇（现在土耳其西北部的博卢）。因为面容俊俏，他被罗马皇帝哈德良选为男侍。大约130年前后，安提诺乌斯在尼罗河上游（如今埃及的马拉维镇附近）旅行时溺水而亡。

关于他的死因，至今还没有定论。有人猜测，他有可能死于意外或自杀，甚至是谋杀。据说安提诺乌斯曾陪伴哈

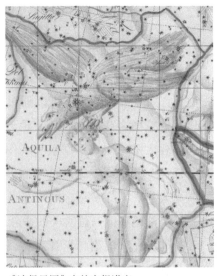

《波得星图》中的安提诺座。

安提诺乌斯雕像。

德良沿尼罗河航行，而尼罗河沿岸曾是罗马帝国的重要粮仓之一。当时，尼罗河已经连续两年没有发生大洪水了，这就意味着如果没有尼罗河泛滥冲积而来的肥沃土壤，粮食将会减产，造成可怕的饥荒。在这种情况下，一位预言家暗示，哈德良可以通过牺牲他最珍视的东西来获得救赎。于是，这位俊美的年轻人被用传统的溺水仪式作为祭品献给众神。此后，安提诺乌斯的形象在西方广为人知。在许多现存的罗马雕塑作品中，他都被塑造成一位貌美的少年。

哈德良在安提诺乌斯死后备受打击，他将其神化，向其献上特别的祭礼，甚至在其被淹死的地方建立了一座新城市。同时，他还下令工匠大量制作安提诺乌斯的雕塑和头像，安置在帝国各个城市的中央，作为永久的纪念。

在这个著名的溺水事件发生 20 年之后，古希腊天文学家托勒密完成了他的伟大著作《天文学大成》。他在书里介绍了这个包含 6 颗星的安提诺座。虽然安提诺座并没有被当作一个正式的星座，但或许

墨卡托天球仪上的安提诺座。

也是应哈德良皇帝的要求，托勒密才创立了这个附属于天鹰座的星座。

1536 年，德国数学家和制图师卡斯帕·沃佩尔（1511 — 1561）在天球仪上单独列出了这个星座。1551 年，荷兰著名制图师墨卡托也将安提诺座绘制在天球上。后来，天文学家第谷·布拉赫在他 1602 年的星表中也将安提诺座列为一个独立的星座。安提诺座位于天鹰座下方，虽然它不属于托勒密的传统四十八星座，但在很长的时间里它都被当作天鹰座的一个分支。

赫维留星图中的安提诺座。

　　由于赫维留和波得等人的星图都收入了安提诺座，所以它一直以来都具有一定的影响力。到了 19 世纪中叶，一些主要的星图和天文学著作已不再偏爱这个星座。最终，它于 1922 年被踢出了官方的星座名单，其所属的恒星大部分被纳入了天鹰座。

第 10 章　致敬同行

彗星猎人座

彗星猎人座是一个不起眼的北天星座，因为其中最亮的恒星只有 4 等，肉眼几乎看不到。这个位于仙后座、鹿豹座以及驯鹿座之间的星座是由法国天文学家拉兰德于 1775 年创立的，为的是纪念他的法国同行梅西耶（1730 — 1817），因为梅西耶是那个时代著名的彗星猎人。

拉兰德选择了北天极附近的一个并不突出的区域来安置彗星猎人座，这是因为 1774 年的彗星（标号为 C/1774P1）就是在这里首次被观测到的。不过，虽然梅西耶有"彗星猎人"之称，他对这颗彗星也进行了很多观测，但事实上这颗彗星的真正发现者是另一个法国人雅克·蒙田。蒙田彗星在这一年的 8 月至 10 月被观测到，刚开始时它出现在仙王座和仙后座之间，接着它又经过蝎虎座、仙女座和飞马座，最终靠近宝瓶座。

由于《波得星图》的介绍，彗星猎人座得以广为人知，此后的星图也都在一定程度上受其影响。在大多数星图中，彗星猎人座都是牧羊人的形象，他拿着手杖，被看作一位守护者。这些形象似乎与梅西耶并没有太多联

《波得星图》中的彗星猎人座。

系，其实拉兰德在设计这个星座的时候巧妙地运用了文字游戏，用更隐晦的方式来表现梅西耶。他不希望彗星猎人座与那些题献给王公贵族和天文研究赞助人的星座一样显得过于直截了当。

事实上，在法语中，梅西耶的这个姓氏来源于一种职业，那就是负责看守待收割庄稼以及阻止动物和盗贼破坏的守护者。同时，该词还衍生出"收获"的意思，可谓是一语双关。于是，彗星猎人座也就具备了牧羊人和守护者的外在形象。

梅西耶是一位杰出的天文学家，他在一生中发现了 13 颗彗星。法国国王路易十五曾称他为"我的彗星猎人"。不过，梅西耶最突出的成就是编制了一份深空天体表《梅西耶星团星云表》。在这本书中，他对星云、星团和星系等天体进行了系统的编号。他之所以要完成这样一项工作是因为他在搜寻彗星的过程中发现，人们常常将彗星和其他天体（如星云等）混为一谈。

彗星猎人座在其创建后的一个世纪里，在欧美的各种星图中非常流行，并被许多 19 世纪的星图所收录。然而，到了 19 世纪中叶，人们对它的使用开始逐渐减少，最后它也被并入了仙后座中。

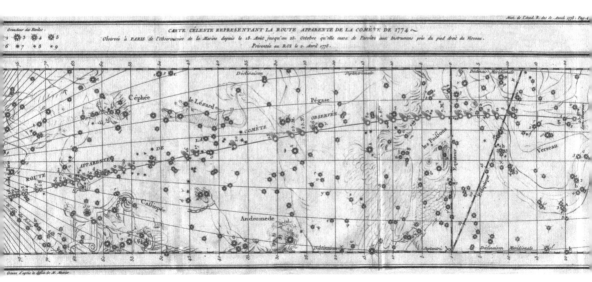

1774 年蒙田彗星的轨迹图。

拉兰德与梅西耶。

《天空之镜》中的彗星猎人座。彗星猎人座坐落在鹿豹座的背上，彗星猎人一手拿着镰刀，一手拿着牧羊杖，后面紧挨着的驯鹿座差点就要撞上他。

赫歇尔望远镜座

　　1789 年，出生于匈牙利的天文学家马克西米利安·赫尔（1720 — 1792）创立了赫歇尔望远镜座，他同时也是维也纳天文台台长。这个星座最初包括大望远镜和小望远镜两个不同的星座，为的是纪念英国天文学家威廉·赫歇尔爵士（1738 — 1822）在 8 年前发现了天王星。这两个与望远镜有关的星座都位于金牛座 ζ 附近，因为赫歇尔在这里发现了天王星，所以这一大一小两个望远镜都被放置在这颗新行星发现区域的两侧。其中，大望远镜位于双子座、天猫座和御夫座之间，小望远镜位于金牛座和猎户座之间。

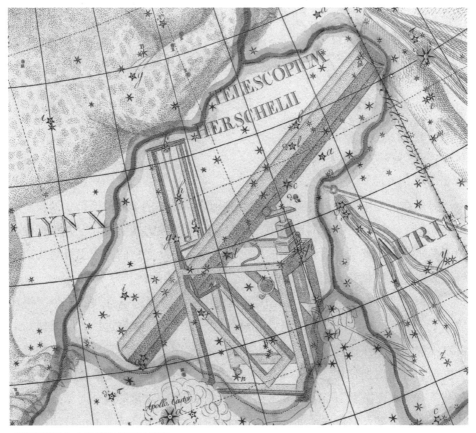

《波得星图》中的赫歇尔望远镜座。

赫尔著作中的赫歇尔望远镜座。

　　赫尔在天空中安置的这两个望远镜分别以赫歇尔的 2.1 米长和 6 米长望远镜为原型。不过，在赫尔的星图中，他对这些望远镜的描绘实际上并不准确。由于赫尔并没有真正看到赫歇尔的望远镜，他错误地把它们画成了折射式望远镜，而事实上赫歇尔使用的是他自己制造的反射式望远镜。

　　后来，波得在他于 1801 年出版的星图中将两个望远镜合并成一个，将其放在了天猫座的下方。由于波得曾经从赫歇尔那里购买过望远镜，所以他知道赫歇尔望远镜的样式。这样，他得以在自己的星图中非常逼真地描绘出了赫歇尔发现天王星时所使用的 2.1 米长的反射式望远镜。这个 2.1 米长的木管望远镜装备有一块直径为 15.7 厘米的镜片。当时，判断望远镜的尺寸时依据的是其长度，这与后来人们根据镜面来判断望远镜的大小不同。赫歇尔正是使用这个望远镜于 1781 年 3 月 13 日发现天王星的。

威廉·赫歇尔肖像。

赫歇尔的 2.1 米长的望远镜复制品。

　　赫歇尔的很多观测工作都是从他的这个望远镜开始的，但他还需要更大的望远镜才能做进一步的观测，于是他又建造了一个 6 米长的望远镜。尽管这个望远镜并非他建造的尺寸最大的望远镜，但被认为是最有价值的一个。当然，由于它的体积太大，他只能用绳子将镜筒吊在桅杆上。观测者需要站在两层楼高的梯子上才能进行观测。与此同时，地面上的助手也需要用手摇曲柄来升降望远镜的镜筒，以此来调整观测方位。

　　就像 19 世纪很多新创立的小星座一样，赫歇尔望远镜座以不同的形式在各种星图中存在了一个多世纪，但它最终还是被天文学家们所抛弃。1922 年，在第一届国际天文学联合会大会上，它未能成功地进入官方正式公布的星座名单，随后被分解至双子座、天猫座和御夫座中，成为这些星座的边界区域。

赫歇尔的 6 米长的望远镜。

《天空之镜》中的赫歇尔望远镜座。图中的望远镜绘制得比较简约，已经看不出赫歇尔望远镜的一些特征。赫歇尔望远镜座中最亮的星的视星等只有 4.8 等，如今这颗星属于御夫座。

第 11 章　王侯将相

乔治国王竖琴座

　　1789 年，天文学家马克西米利安·赫尔创立了乔治国王竖琴座，并在次年出版的《星历年鉴》中介绍了这个星座。赫尔创立这个星座是为了纪念英国国王乔治三世，因为他是天文学家威廉·赫歇尔的赞助人。

　　赫歇尔因为发现了天王星而声名大噪，而他原本只是汉诺威公国军乐团的一名乐手。1757 年，为了逃避当时欧洲的"七年战争"，赫歇尔来到英格兰。随后，他通过自学成才，从音乐家跨界成为了天文学家。

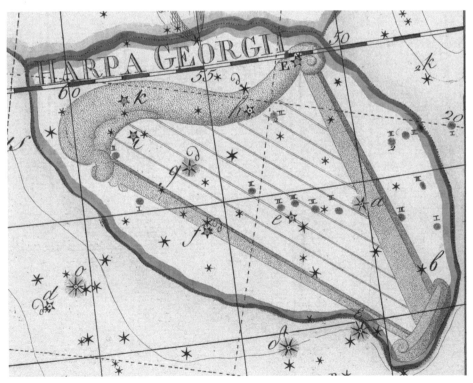

《波得星图》中的乔治国王竖琴座。

乔治国王竖琴座由一些非常小的恒星组成，它们主要来自邻近的波江座的一些星群。赫尔还为这个星座赋予了一种古老的竖琴的形象。后来，波得将它描绘成一种更为现代的竖琴形象，并且使其与周围的星座之间能保持更好的距离和角度，最终这便成为了人们所熟知的星座形象。

乔治三世是德国汉诺威家族的第三位英国君主，但他从来没有到过德国，也没有在德国生活过。乔治三世在其漫长的统治期间经历过很多重大历史事件，如英国在"七年战争"中击败法国，在美洲失去大量殖民地而导致美国独立，在随后的一系列战争中与拿破仑的法兰西第一帝国对抗。

贾米森星图中的乔治国王竖琴座。

100

乔治国王竖琴座中的竖琴是一种特殊的弦乐器，其历史最迟可以追溯到古希腊时期。历史上最著名的关于竖琴的传说莫过于大卫王为扫罗王弹竖琴解忧的故事。据说，大卫王很会唱歌，也擅长弹奏竖琴，所以他时常在扫罗王心里烦躁的时候为其弹奏竖琴。

在贾米森的星图中，乔治国王竖琴座被金牛座、波江座和鲸鱼座所包围，竖琴绘于金牛座蹄子的下方。竖琴的样式也得到了更艺术性的处理，上面装饰有带翅膀的雕像人物。另外，竖琴的方向和角度在画面中也显得更为和谐，并且能够与左下方的勃兰登王笏座相映衬。

由于《波得星图》的巨大影响，乔治国王竖琴座作为一个在 18 世纪末诞生的星座在 19 世纪初已为人们所熟知。可以说，如果不是因为《波得星图》，它似乎不太可能会流行起来。然而它的兴盛时期也仅限于 19 世纪上半叶，到了 20 世纪初，它几乎已经从各种星图中消失了，最终被合并到波江座当中。

《圣经》中的大卫王与竖琴。

英国国王乔治三世。

赫尔著作中的乔治国王竖琴座，赫尔最初给这个星座添加了装饰性的缎带

勃兰登王笏座

1688 年，德国天文学家哥特弗里德·基尔希（1639 — 1710）引入了勃兰登王笏座，以此纪念勃兰登堡－普鲁士省及其统治者弗雷德里克三世，因为他在这一年成为了普鲁士公爵。

德国东部的勃兰登堡州起源于中世纪，它是 17 世早期神圣罗马帝国的 7 个选举侯州之一，后来与邻近的普鲁士等地区一起成为德意志帝国的核心区域。由于勃兰登王笏座无形中抬高了弗雷德里克三世的声望，随后基尔希的这种奉承行为也得到了回报。1700 年，他被公爵任命为新成立的勃兰登堡科学会的会员，并且担任柏林天文台的首任台长。

勃兰登王笏座位于猎户座的下方，被波江座所包围，它由排成一排的 5 颗星组成，形成了一根权杖的外形。在创立后的近一个世纪里，这个星座几乎没有太大的影响力，直到波得在 1782 年正式将其纳入自己的星图当中。

波得不仅为这个星座添加了更多的恒星，他还在自己于 1801 年出版的星图中为权杖增加了标识"FW III"。这也进一步巩固了这个星座与弗里德里希·威廉三世的联系。在不久前的 1797 年，弗里德里希·威廉三世已经正式成为了普鲁士国王。在贾米森的星图中，勃兰登王笏座权杖的最高处位于蜿蜒的波江

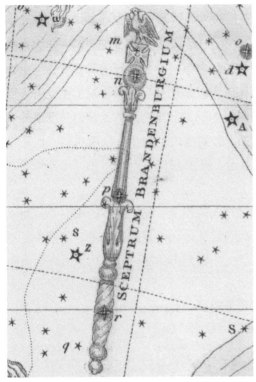

贾米森星图中的勃兰登王笏座。

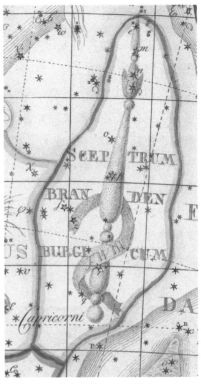

《波得星图》中的勃兰登王笏座。

座的下方，整根权杖由 5 颗星组成。其中，第三颗星包括两颗相邻的星，因此有时这个星座看起来只有 4 颗星。

借助于《波得星图》，勃兰登王笏座为人们所熟悉，但它和大多数过时的星座一样，在视觉上显得模糊不清，最亮的星也仅为 4 等，何况这个星座还具有很强的民族属性。到了 19 世纪后期，天空中的这根具有政治寓意的权杖很快便被人们所遗忘。如今，它已经成为了波江座的一部分。

弗雷德里克三世肖像。图中的弗雷德里克三世手持权杖。

腓特烈荣誉座

1787 年，波得引入了腓特烈荣誉座这个新的星座，以此纪念前一年去世的普鲁士国王腓特烈二世。当时，波得在柏林皇家科学院举行的腓特烈二世纪念大会上提议创立这个星座，因为这位国王不仅是柏林皇家科学院的创立者，而且曾设立巨额奖金来鼓励普鲁士人对科学的探索。腓特烈二世是勃兰登堡的选帝侯，他从 1740 年起成为普鲁士国王，直到他去世为止。众所周知，他还是一位杰出的军事战略家，曾领导过普鲁士人民在 1756 — 1763 的"七年战争"中取得了胜利。

腓特烈荣誉座由一把礼仪用剑和一顶王冠组成，剑上还有一支羽毛笔和一束橄榄枝，展示了腓特烈二世作为一位英雄、圣人以及和平缔造者的形象。波得将这个星座放在仙王座、仙后座、仙女座以及天鹅座之间，由他最新观测到

腓特烈二世肖像。

《天空之镜》中的腓特烈荣誉座。

的 76 颗恒星组成。该星座中还配有一顶皇冠，以示皇室的尊严，使它与古老的仙王座中的王冠相得益彰。在《天空之镜》中，腓特烈荣誉座被挤压在仙女座伸出的右臂和上方的蝎虎座之间，其中最亮的星的视星等只有 4 等。这个星座中的不少恒星也是从此前的仙王座和仙后座中拆借而来的。

　　波得创立的腓特烈荣誉座具有很强的历史和象征意义。但是随着历史的发展，该星座在 19 世纪后期的影响力逐渐减弱，其中的大部分恒星后来都被合并到邻近的仙后座中。

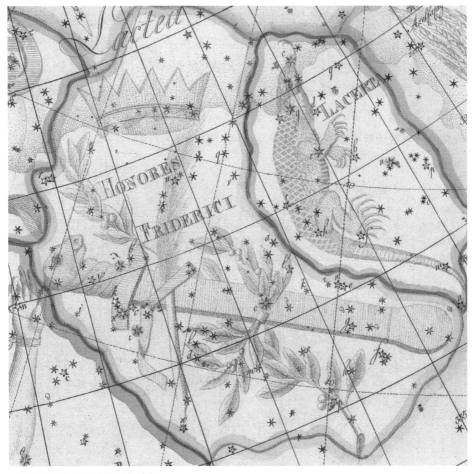

《波得星图》中的腓特烈荣誉座。

查尔斯橡树座

　　1678 年，英国天文学家埃德蒙·哈雷创立了查尔斯橡树座，以表达他对查理二世的崇敬，因为查理二世是他从事科学研究的主要赞助人。哈雷之所以选择橡树这一形象，是因为查理二世在 1651 年的伍斯特战役中被克伦威尔的共和军击败，为了逃避追捕，他躲藏在一棵橡树上，从而逃脱了一劫，最后东山再起。查理二世复辟之后便把这棵树封为"皇家橡树"。

　　1676 年，哈雷到南大西洋中的圣赫勒拿岛进行科学考察活动。他在这里系统地对南天的恒星进行了观测，并编制了一份详细的星表。这也是第一份通过望远镜观测而编制的南天恒星表。1678 年，哈雷向英国皇家学会提交了这项成果，并建议将半人马座正下方的一片区域划为查尔斯橡树座，以纪念拯救查理二世的橡树。哈雷的恭维随后也得到了回报，他因此顺利地拿到了牛津大学的硕士学位。

　　由于赫维留星图中的南天恒星数据主要参考了哈雷的观测结果，因此赫维留星图也采用了哈雷发明的查尔斯橡树座。图中的查尔斯橡树座拥有 12 颗星，最亮的一颗位于橡树的根部，这是此前属于船底座的一颗二等星。

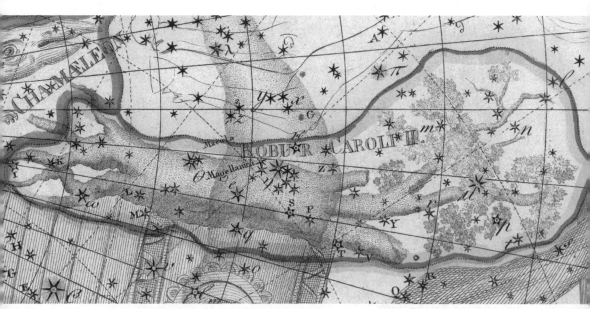

《波得星图》中的查尔斯橡树座。

赫维留星图中的查尔斯橡树座。

《查尔斯二世与橡树》，画中描绘了查理二世和威廉·卡洛斯躲藏在橡树上的细节。

1650 年，在父亲被处死后不久，只有 20 岁的查理二世决定复辟。虽然当时他缺少资金和追随者，甚至差点因此丧命，但他最终还是获得了胜利。查理二世流亡的传奇故事曾被英国人民广为传颂。故事发生在 1642 —1651 年的英国内战期间，这场发生在改革派与保皇党之间的战争最终将英国的改革运动与光荣的革命分离开来，为英国成为一个世界强国奠定了基础。毫不夸张地说，正是这一棵橡树使英国的君主制得以延续。

哈雷希望通过查尔斯橡树座使他的国王在天空中得到永久的纪念。然而事实证明，它的存在并没有他想象的那么长久。在哈雷去世 75 年后，法国天文学家拉卡伊再次前往赤道以南地

查尔斯二世肖像油画，这幅油画描绘的是查理二世 40 岁左右时的样子。

区，对南天的恒星进行了更为全面的观测。这一次，拉卡伊将天上的这棵橡树连根拔起。

在拉卡伊看来，天空不应该是权贵和民族主义的秀场，所以他用科学和艺术工具给自己新发现的星座命名。同时，他将南船座拆分为船帆座、船底座和船尾座三部分，并将查尔斯橡树座并入了船底座，从而解决了南船座作为一艘船所面临的部分形象缺失问题。尽管后来波得在自己的星图中依旧列入了哈雷创立的查尔斯橡树座，但后世的大多数天文学家效仿了拉卡伊的做法，而无视英国国王的权威。

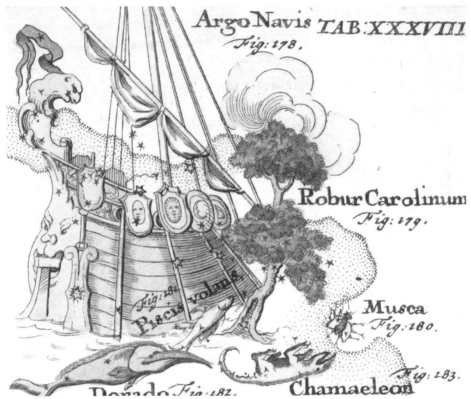

约翰·罗斯特星图中的查尔斯橡树座。此前南船座的形象因为没有船头部分，需要一些特殊的方法来掩盖船头部分的缺失。通常的处理方式是让船头消失在薄雾中，或者将其遮挡在礁石后面。哈雷将南船座的部分恒星重新定义为查尔斯橡树座，仍然需要用云层来掩饰南船座的船头部分。

波尼亚托夫斯基金牛座

1773 年，维尔纳皇家天文台（位于立陶宛维尔纽斯）台长马丁·波索布（1728 — 1810）创立了波尼亚托夫斯基金牛座这个星座，以纪念波尼亚托夫斯基国王（1732 — 1798）。他不仅是波兰立陶宛联邦的君主，而且是重要的艺术与科学赞助人。这个星座中的公牛形象则源自他的家族纹章。

波索布是一位耶稣会天文学家，他曾在立陶宛的维尔纽斯大学和布拉格的查尔斯大学接受教育。1754 — 1764 年，他还在法国、意大利和德国工作过一段时间。其中有一段时间，他还在马赛天文台工作，这段经历促使他将天文学研究作为自己的职业。波索布在取得博士学位后，于 1764 年成为维尔纽斯大学的教授和天文台台长。尽管这个天文台缺乏现代化的仪器设备，但波索布仍竭尽全力对其进行完善。

18 世纪 70 年代，这个天文台获得了刚登基不久的波尼亚托夫斯基国王的资助。波索布所管理的这个天文台被更名为皇家天文台，而他本人也成为了皇家天文学家。所以，他对国王心存感激，于是创立了波尼亚托夫斯基金牛座。

波尼亚托夫斯基是波兰历史上的一位有争议的人物，保守派贵族们指控他的独裁限制了贵族们的自由，自由主义者又责难他软弱优柔，向俄国屈服，从而也导致了波兰的解体。不过，波尼亚托夫斯基以艺术与科学的赞助者而闻名，并在当时促进了文化和教育的发展。

波尼亚托夫斯基肖像油画。

波尼亚托夫斯基金牛座位于蛇夫座和天鹰座之间，同时它也与巨蛇座的蛇尾有所重叠。星座中牛的脸部由一群排列成"V"形的恒星组成，这很容易让人想到金牛座中的毕星团。在这个星座中，最亮的星为 3.7 等，它位于公牛的右角上。星座中其他的星则是一些较暗的恒星。

或许波索布不曾预料到，在他创立的这个星座中有一颗被称为巴纳德星的红矮星。它是我们现在已知距离太阳第二近的恒星，距离我们大约 5.9 光年。这仅次于 4.22 光年之外的比邻星（半人马座 α）这颗距离我们最近的恒星。

从 19 世纪中叶开始，波尼亚托夫斯基金牛座逐渐从星图中消失，它的恒星也越来越多地被纳入到蛇夫座当中。1922 年，在国际天文学联合会的第一届大会上，它被正式从官方星座目录中剔除，被合并至蛇夫座之中。

《波得星图》中的波尼亚托夫斯基金牛座。

《天空之镜》中的波尼亚托夫斯基金牛座。

第 12 章　名山大川

约旦河座

　　1612 年，荷兰航海家彼得勒斯·普朗修斯创立了约旦河座，以此象征约旦河这条河流。随后在 1624 年，德国天文学家雅各布·巴尔奇首次在星图中描绘了这个星座，所以他也经常被误认为是该星座的发明人。

　　巴尔奇曾解释说，这条河流有两个来源，分别是约河和旦河。但是，这些特征并没有被他描绘在这个星座的形象中。约旦河座中的恒星可以追溯到托勒密时期，但这些恒星一直未能形成独立的星座。直到拜耳的《测天图》出版时，

《和谐大宇宙》中的约旦河座。约旦河座起始于牧夫座附近（即现在的猎犬座），然后经过后发座和狮子座，最终延伸至鹿豹座附近。

艾萨克·哈布雷希特著作中的约旦河座。在这部于 1666 年出版的著作中，约旦河座位于大熊座下方。在这个星座的左上方，即河流的上游有两个分支。另外，在水源交汇处有一颗明亮的恒星，这就是如今的猎犬座 α，也叫常陈一。

它们仍然是一群位于大熊座以外的、没有任何编号的恒星。

有关约旦河的记载由来已久，所以约旦河也有其深刻的历史文化背景。《圣经·创世记》曾提到约旦河平原地区到处都是湿润的土地，就和伊甸园一样，如埃及的土地一般肥沃。今天，约旦河从以色列北部一直流向死海，它的上游由 4 条不同的溪流汇合而成。

约旦河也是世界上平均海拔最低的河流之一，处于从土耳其南部经过红海延伸到东非的一个裂谷地带。作为该地区淡水的主要来源，约旦河的水资源不断受到人类活动的威胁。随着人类活动的破坏，自 20 世纪 60 年代开始，约旦河的一些区段变成了仅几米宽的咸水溪。约旦河在戈兰高地西部的一段一直都是以色列和叙利亚的冲突地带。1967 年，叙利亚开始与黎巴嫩和约旦合作，改变水源的流向，从而也导致了以色列与邻国在约旦河流域水资源使用问题上的冲突。

拜耳《测天图》中的大熊座，大熊座下方的星星就是后来衍生出来的约旦河座。

《基督的洗礼》油画。画中反映的是耶稣正在接受洗礼，耶稣脚下的河流便是约旦河。耶稣当年受洗的地方如今已经成为信徒们一生向往的圣地。

　　尽管与大多数后来消失的星座相比，约旦河座创立的时间要更早些，但是到了 18 世纪，波兰天文学家赫维留在这一区域引入了小狮子座、猎犬座和天猫座。于是，约旦河座也就不再流行，随后逐渐被人们所遗忘。因此，在 19 世纪初的《波得星图》中就看不到约旦河座的身影了。

底格里斯河座

1612 年，荷兰人彼得勒斯·普朗修斯在创立约旦河座的同时，还新创了底格里斯河座。1624 年，这两个星座最早出现在了由德国天文学家雅各布·巴尔奇绘制的星图中。但由于两者皆未被波兰天文学家赫维留的星图所采纳，它们的影响受到了局限。 所以，1801 年出版的《波得星图》同样没有绘出这两个星座。

底格里斯河座始于飞马座的颈部，沿着天鹅座和天鹰座的方向蜿蜒流淌。它的主体部分则沿着银河

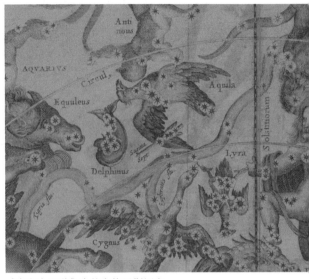

《宇宙大和谐》中的底格里斯河座。

分布，正好位于银河的分叉区域，大致从天鹅座一直延伸到半人马座。这里实际上是由星系中的星际尘埃遮挡而形成的暗区。所以，与其他星座可以勾勒出一个明显的图形不同，底格里斯河座是一块比较空旷的天区。

在中东地区，底格里斯河是一条著名的河流，它与西面的幼发拉底河一起形成了美索不达米亚地区，也就是俗称的两河流域。底格里斯河起源于土耳其安纳托利亚山区，然后向东南方向穿过伊拉克中部平原，最后与幼发拉底河汇合注入波斯湾。

《圣经》中曾提到底格里斯河。根据《圣经·创世记》的记载，它是 4 条流经并滋润伊甸园的河流之一，也被称为希底结河。其另外三条河流分别为比逊、基训河和伯拉大河，其中的伯拉大河就是幼发拉底河。

底格里斯河的大部分河道经过的是亚热带的干旱沙漠，所以它是灌溉农田的重要水源。河流冲下的淤泥使周围的土地变得非常肥沃，所以这里被称为"肥沃的新月地带"。时至今日，底格里斯河依然在不停地流淌，而底格里斯河座在星图上仅维持至 18 世纪上半叶。

麦拉鲁斯山座

　　1687 年，波兰天文学家赫维留在他的星图集中引入了麦拉鲁斯山座，其原型是位于伯罗奔尼撒半岛中部阿卡迪亚地区的一座山。然而，这个星座一直以来都没有独立存在过，而仅仅作为牧夫座的一部分，在星图中通常都是牧夫站在麦拉鲁斯山上的形象。

　　麦拉鲁斯这座山得名于古希腊神话中的一个人物。传说麦拉鲁斯是阿卡迪亚国王吕卡翁的长子。也就是说，麦拉鲁斯可能是卡利斯托（大熊座原型）的兄弟，也就是阿卡斯（牧夫座原型）的叔叔。不过，也有观点认为，麦拉鲁斯其实就是阿卡斯的儿子。另外，麦拉鲁斯山还是古希腊神话中潘神的圣地，所以他经常光顾这里。根据古罗马诗人奥维德的《变形记》，麦拉鲁斯山中到处都有野兽，是天然的狩猎地。

赫维留星图中的麦拉鲁斯山座（右下方）。

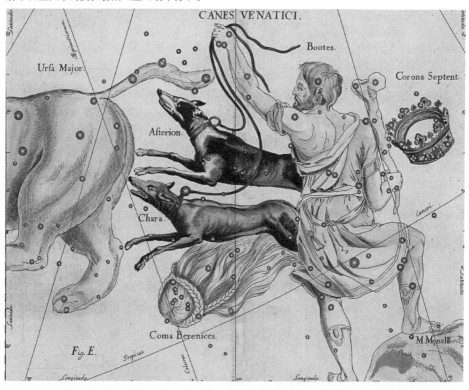

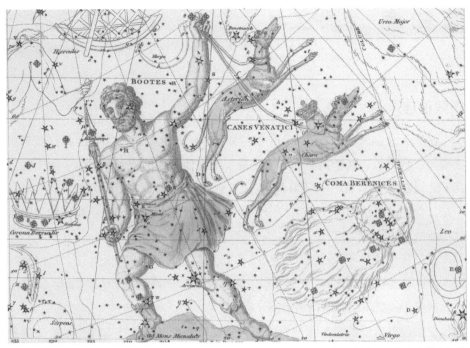

亚历山大·贾米森星图中的麦拉鲁斯山座，它位于牧夫座下方，由牧夫座南端和室女座东端之间的区域中的恒星组成。

　　"麦拉鲁斯"这个名字的由来其实也是一笔糊涂账。起初它的拼写是"Menalis"，后来在更多的星图中变成了"Mœnalum"或者"Mænalum"。更让人困惑的是，赫维留自己前后用了4种不同的方式来拼写这个星座的名称。

　　尽管赫维留星图具有巨大的影响力，但并非所有的制图师都认可麦拉鲁斯山座。在赫维留去世10年后不久，法国天文学家腊羲尔决定将该星座删除。1922年，麦拉鲁斯山座最终在官方星座的正式名单中被移除。从此以后，曾经属于麦拉鲁斯山座的所有恒星基本上都被划分给牧夫座。

《波得星图》中的牧夫座与麦拉鲁斯山座。

第13章 科学工具

象限仪座

法国天文学家拉兰德在 1795 年创立了象限仪座。拉兰德曾经是巴黎军事学院天文台台长，这个星座的创立是为了纪念他和他的侄子米歇尔·莱夫兰索瓦·德·拉兰德（1766 — 1839）使用天文台的墙面象限仪进行恒星观测的经历。于是，他便效仿法国天文学家拉卡伊用科学仪器的名称来创立星座，构思出了这个新的星座。

象限仪座由位于牧夫座、武仙座和天龙座之间的 10 颗星组成，其视星等基本上在 5 等至 7 等之间。1801 年，波得对其进行了改造。与拉兰德的原版相比，波得将该星座的区域略微缩小了一些，以避免与它邻近的星座发生重叠。

象限仪是用于测量天体位置的一种天文观测仪器，其核心部件是中间的象限环。通过沿着象限环上的窥管或者望远镜瞄准天体，就可以从象限环的刻度尺上读取高度角等数据。这种仪器之所以被称为象限仪是因为中间的这个四分之一环刚好在数学上是 90°，就是一个象限。

拉兰德创立的象限仪座沿用了不到 100 年的时间。尽管在 19 世纪上半叶它曾受益于《波得星图》的影响力而短暂流行过，但到了 19 世纪后期，它便在各种星图中逐渐消失，现在象限仪座已经不再使用了。但由于每年 1 月从这个

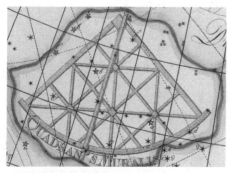

《波得星图》中的象限仪座。

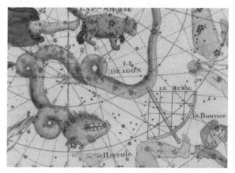

让·福汀星图中的象限仪座（右下方）。

星座位置辐射出壮观的流星雨，所以这个流星雨至今还保留着它曾经的名称，即象限仪座流星雨。

北京古观象台上的象限仪以及《灵台仪象志》中记载的象限仪。象限仪在中国也叫地平纬仪，主要用于测量天体的地平纬度，也就是高度角或天顶距。

《天空之镜》中的象限仪座（左上方）。图中象限仪座位于牧夫座的北部，靠近牧夫手中所持镰刀的尖端，同时这里也是大熊尾巴的末端。

QVADRANS VOLUBILIS AZIMUTHALIS.

丹麦天文学家第谷·布拉赫设计的象限仪。第谷设计的象限仪在明代末期由来华的耶稣会传教士传入中国，成为了当时钦天监的主要观测仪器之一。

小三角座

1687 年，波兰天文学家赫维留创立了小三角座。这个位于三角座南边的星座由三颗五等星组成。它的结构和外形都非常简单，或许它是最中规中矩的星座之一。三角座曾是托勒密传统星座中的一个星座，而且是面积最小的星座之一。在拜耳《测天图》中，三角座的下方还有几颗不起眼的星，这便是日后小三角座中主要恒星的来源。

或许因为与测量工具有关，小三角座在天文学家中获得了不错的人气，直到 1801 年出版的《波得星图》，它一直被使用。不过，在很多人看来这个小三角座显得十分多余，只是对三角座照葫芦画瓢。到了 1922 年，只有三角座得到了国际天文学联合会的认可成为官方正式星座，而小三角座正式从星空中退出。

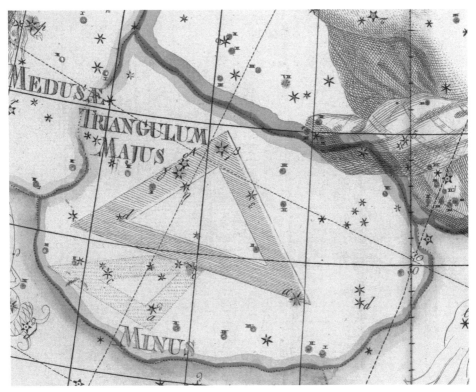

《波得星图》中的小三角座。

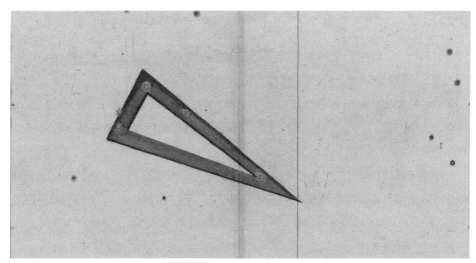

拜耳《测天图》中的三角座。

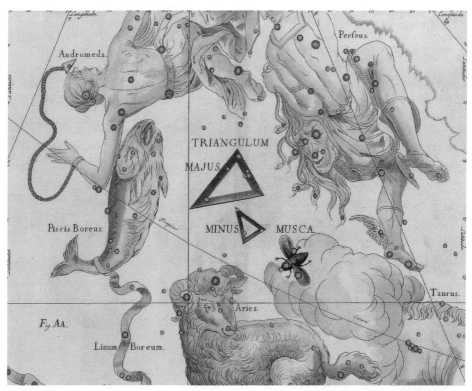

赫维留星图中的三角座与小三角座，小三角座与三角座一起位于仙女座、英仙座和白羊座之间。

轻气球座

1798 年，法国天文学家拉兰德创立了轻气球座，它由原先南鱼座和摩羯座之间的一组暗淡的恒星组成，并且最早出现在了 1801 年的《波得星图》中。拉兰德之所以构思这样一个新的星座，是为了纪念蒙哥利菲兄弟在 18 世纪 80 年代发明了热气球。

拉兰德认为，法国的这项伟大发明应该在天空中占据一席之地，于是在 1798 年 8 月德国举行的国际天文学大会上，他向波得提出了这个建议。波得也接受了拉兰德的想法，同时拉兰德也承诺给予德国同等的荣誉作为回报，并提出了另一个全新的星座印刷室座，以此赞扬德国的古腾堡印刷机对历史的重大影响。

自远古时代起，人类就梦想着像鸟儿一样在天空中自由翱翔，但直到 18 世纪人类历史上第一个实用性的客运气球出现时，这种愿望才得以实现。人类关于热气球的想法始于 1766 年，当时英国化学家亨利·卡文迪什和约瑟夫·普利斯特里发现了易燃易爆气体，也就是我们现在所知的氢气。但是，氢的批量生产成本很高，而且极易泄漏。热空气却很容易获得，只要有火便可产生大量热空气，而且安全系数较高。于是，被称为蒙哥利菲兄弟的约瑟夫·米歇尔

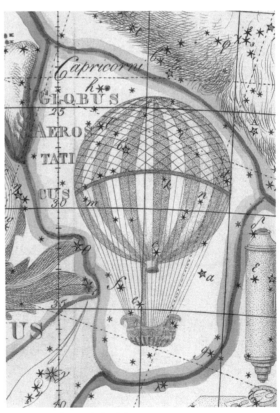

《波得星图》中的轻气球座。

亚历山大·贾米森星图中的轻气球座。轻气球座位于黄道上的摩羯座以南，靠近下方南鱼座的尾巴，其中最亮的恒星只有 4.7 等。

（1740 — 1810）和雅克·埃蒂安（1745 — 1799）设计了最早的载人轻气球，他们利用燃烧的热空气而不是充入氢气来提供升力。

热空气最大的优点在于使用简单的纸袋就可以收集，而制作纸袋正是蒙哥利菲兄弟最擅长的事情。蒙哥利菲家族来自法国南部阿尔代什山区的阿诺奈，他们常年经营造纸业，还曾被法国政府授予造纸业模范企业称号。造纸技术成为他们进行热气球实验的有利条件。

1783 年夏天，兄弟俩安排了一次公开表演来展示热气球的飞行

蒙哥利菲气球版画（1786 年）。图中以精确的外形和比例再现了1783 年试飞的蒙哥利菲气球。气球上有太阳和黄道十二宫，以及深红色的垂饰和金色的流苏等装饰，看起来非常华丽。

能力，从而让人们见证自己对此拥有发明权。在 6 月 5 日的试飞过程中，热气球在近 2000 米的高度飞行了 2000 米的距离。9 月 11 日，热气球在巴黎再次进行了试飞，以此来证明其可靠性。因为那时人们还不知道高空大气对生物的影响，所以这次飞行只搭载了一只绵羊、一只鸭子和一只公鸡，以论证热气球旅行中人的安全性。试验成功后，这种热气球名声大噪，不久便被称为蒙哥利菲气球，并在一个月后首次进行了正式载人飞行。

轻气球座一直沿用到 19 世纪晚期，随后便逐渐淡出了历史。到了 1928 年，它的恒星被正式并入了现在的南鱼座。

印刷室座

1801 年，德国天文学家波得为了纪念德国工匠和发明家约翰·古腾堡（1398 — 1468）发明的活字印刷机而创立了印刷室座。当时，法国天文学家拉兰德认为天空中应该有些新的星座，以便能够反映当时的科技发展。于是，他与波得商议增加了轻气球座和印刷室座，以纪念法国和德国的这两项伟大发明。这两个星座也因为《波得星图》而举世瞩目。与轻气球座类似，印刷室座也具有民族主义色彩。

由于印刷室座这一天区的恒星都比较暗淡，可用的恒星很难让人想起任何特定的图形。于是，波得将印刷室座设计成了一整套印刷设备的形象，包括可折叠的印刷机夹纸框、带排字棒的活字盘、擦墨球垫以及背景中堆叠的纸张等。

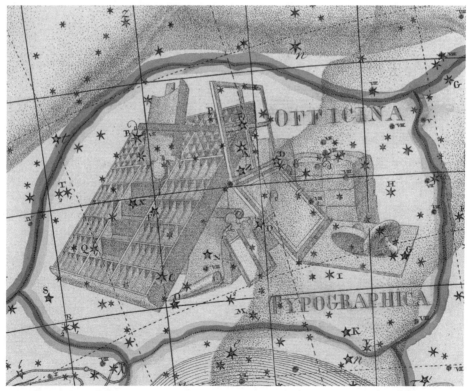

《波得星图》中的印刷室座。

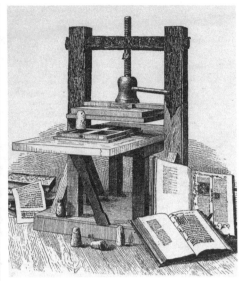

版画中的古腾堡及其印刷机。

　　早在几个世纪前，德国工匠古腾堡就合成了一种非常实用的锌铅锑合金，用于制作物美价廉的金属活字。此外，他还调制出一种适合金属活字印制的油墨，以及一款类似于农用螺旋压机的木制印刷机。通过将这些开创性的发明结合在一起，形成了一套非常实用的印刷装置，从而最终达到了既经济又高效地印刷书籍的目的。

　　古腾堡活字印刷机的发明引发了一场媒介革命，印刷技术迅速在欧洲传播开来，为随后的文艺复兴、宗教改革和科学革命等奠定了坚实的基础。到了17世纪，活字印刷技术已经相当完善，当时的印刷设备与波得创立的印刷室座的形象非常相似。在整个工作流程中，先由操作熟练的排字工进行手动排字，然而由相关的工人给排好的字上墨，最后由其他工人将印好的纸张从夹纸框上取下来。

　　由于《波得星图》的大力宣传，印刷室座的名望在19世纪中叶达到顶峰，后来它的影响开始慢慢减小。可能是这个星座中包含着过于明显的民族特征，所以后来它被排除在正式星座名单之外。虽然与命运相同的轻气球座相比，印刷室座的影响还要大一些，但是两者最终都难以逃脱被抛弃的命运。

亚历山大·贾米森星图中的印刷室座。印刷室座位于麒麟座与大犬座之间，大致沿着银河分布，其中最亮的恒星只有 4.4 等。

电气机械座

电气机械座也是由德国天文学家波得创立的，它代表了那个时代的一项新发明，即一种用于电气实验的静电发生器。这种设备是由英国仪器制造商杰西·拉姆斯登在 18 世纪后期设计和发明的。波得感慨没有哪一个星座是献给与电能有关的科学仪器的，所以他将这个具有纪念意义的星座放在了玉夫座东面的星空中。

波得创立的电气机械座的外形独特，它的主体部分由一个玻璃盘组成，通过转动左边的手柄摩擦产生电荷，然后通过圆柱形导体棒将电荷储存在圆柱形的莱顿瓶中，而莱顿瓶的旁边还有一个 "U" 形放电棒。

人类对于电的认识可以追溯到早期文明。人们很早就知道电这种自然现象，如古埃及文献中曾提到一种电鲶鱼能够放电击杀其他鱼类，而这些现象后来也被古希腊人所关注。在古希腊和古代中国，人们还曾将静电和磁现象并列表述，甚至混为一谈。西汉王充在《论衡》中提到 "顿牟掇芥，磁石引针"（顿牟即琥珀；芥为芥菜籽，统喻为干草。这里意指带有静电的物体能够吸引轻小的物体），

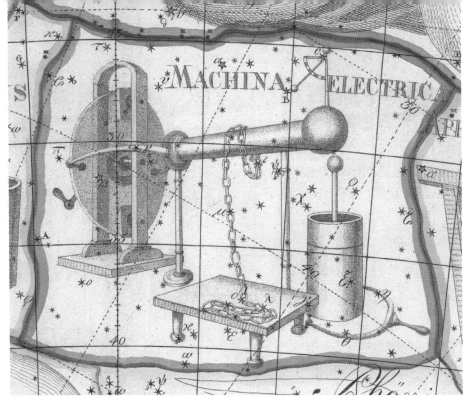

《波得星图》中的电气机械座。

而现代的"electric"这个词也来源于希腊文中的琥珀"amber"。

到了 1766 年，荷兰医生简·英格豪斯（1730 — 1799）设计了一种使用覆有金属箔的玻璃板摩擦起电的装置，于是才有了简单的电气机械设备，但是这些构思还不足以促进大型设备的电气化。后来，在英国物理学家法拉第等人的努力下，人们对电磁感应有了更为全面的认识，并逐渐发展出了由电磁感应产生电流的发电机。近代的科学家们经过两百多年的实验、探索和研究，才完成了从静电到动电的认识，从而迎来了发电机的诞生，使人类正式步入电气化时代。

电气机械座位于天炉座和玉夫座之间，波得从这两个星座中借用了一些恒星来构建电气机械座，玉夫座的范围也由此几乎缩小了一半。尽管如此，但电气机械座中的大多数恒星非常微弱，用裸眼几乎看不见它们。

或许波得是为了仿效法国天文学家拉卡伊，所以他也在南天创立了一些与科学仪器有关的星座。不过遗憾的是，这些星座大多没有像拉卡伊创立的星座那样沿用至今。电气机械座也没有得到持久的认可，最终也被人们所舍弃。

18世纪的电气实验。那时的电气机械发电机主要通过转动圆盘摩擦起电，由此产生的静电能将人的头发吸起来。

《天空之镜》中的电气机械座，位于鲸鱼座下方。

附录　星座名称

拉丁名	略号	中文名
Andromeda	And	仙女座
Antlia	Ant	唧筒座
Apus	Aps	天燕座
Aquarius	Aqr	水瓶座
Aquila	Aql	天鹰座
Ara	Ara	天坛座
Aries	Ari	白羊座
Auriga	Aur	御夫座
Bootes	Boo	牧夫座
Caelum	Cae	雕具座
Camelopardalis	Cam	鹿豹座
Cancer	Cnc	巨蟹座
Canes Venatici	CVn	猎犬座
Canis Major	Cma	大犬座
Canis Minor	Cmi	小犬座
Capricornus	Cap	摩羯座
Carina	Car	船底座
Cassiopeia	Cas	仙后座
Centaurus	Cen	半人马座
Cepheus	Cep	仙王座
Cetus	Get	鲸鱼座
Chamaeleon	Cha	蝘蜓座
Circinus	Cir	圆规座
Columba	Col	天鸽座
Coma Berenices	Com	后发座
Corona Austrina	CrA	南冕座
Corona Borealis	CrB	北冕座
Corvus	Crv	乌鸦座
Crater	Crt	巨爵座
Crux	Cru	南十字座
Cygnus	Cyg	天鹅座
Delphinus	Del	海豚座
Dorado	Dor	剑鱼座
Draco	Dra	天龙座
Equuleus	Equ	小马座
Eridanus	Eri	波江座
Fornax	For	天炉座
Gemini	Gem	双子座
Grus	Gru	天鹤座
Hercules	Her	武仙座
Horologium	Hor	时钟座

拉丁名	略号	中文名
Hydra	Hya	长蛇座
Hydrus	Hyi	水蛇座
Indus	Ind	印第安座
Lacerta	Lac	蝎虎座
Leo	Leo	狮子座
Leo Minor	Lmi	小狮座
Lepus	Lep	天兔座
Libra	Lib	天秤座
Lupus	Lup	豺狼座
Lynx	Lyn	天猫座
Lyra	Lyr	天琴座
Mensa	Men	山案座
Microscopium	Mic	显微镜座
Monoceros	Mon	麒麟座
Musca	Mus	苍蝇座
Norma	Nor	矩尺座
Octans	Oct	南极座
Ophiuchus	Oph	蛇夫座
Orion	Ori	猎户座
Pavo	Pav	孔雀座
Pegasus	Peg	飞马座
Perseus	Per	英仙座
Phoenix	Phe	凤凰座
Pictor	Pic	绘架座
Pisces	Psc	双鱼座
Piseis Austrinus	PsA	南鱼座
Puppis	Pup	船尾座
Pyxis	Pyx	罗盘座
Reticulum	Ret	网罟座
Sagitta	Sge	天箭座
Sagittarius	Sgr	人马座
Scorpius	Sco	天蝎座
Sculptor	Sei	玉夫座
Scutum	Set	盾牌座
Sextans	Sex	六分仪座
Tanrus	Tau	金牛座
Telescopium	Tel	望远镜座
Triangulum Australe	TrA	南三角座
Triangulum	Tri	三角座
Tucana	Tuc	杜鹃座
Ursa Major	Uma	大熊座
Ursa Minor	Umi	小熊座
Vela	Vel	船帆座
Virgo	Vir	室女座
Volans	Vol	飞鱼座
Vulpecula	Vul	狐狸座